제2판

**한국산업인력공단 최신 출제기준 반영!!**

# 양식조리산업기사 조리기능사

최신 출제공개문제 변경사항 반영!!!  실기

유미희 외 19인 공저

● 양식조리산업기사 5품목 및
양식조리기능사 30품목
완벽 레시피+기초이론

**B** (주)백산출판사

# 책을 펴내며…

양식조리산업기사 & 양식조리기능사 실기는 기본조리용어와 다양한 조리법을 바탕으로 요리에 쉽게 입문할 수 있는 자격증 책입니다.

양식 메뉴에는 향신료와 조미료의 종류가 다양하기 때문에 각각의 식재료가 무엇인지, 어떤 용도로 쓰이는지 정확하게 파악해야 합니다. 이 책 앞쪽에는 식재료를 쉽게 파악할 수 있도록 각 재료의 사진과 특성을 실었습니다. 양식 메뉴에서는 주로 흰후추, 통후추, 정향과 월계수잎을 많이 이용하며 타임이나 처빌, 차이브, 딜, 파슬리역시 다양한 고명으로 많이 이용합니다. 재료 각각의 특징을 살려 여러 가지 요리법으로 조리하기 때문에 큰 도움과 흥미를 주는 양식의 기본 입문서입니다.

이 교재는 현장실무와 수많은 강의, 시험감독을 통해 얻은 정보를 수험생들이 쉽게 이해할 수 있도록 구성하였으며 꼭 알아야 할 포인트를 선별하였고, 양식조리기능사 30가지 메뉴, 양식조리산업기사 5형의 각 과정사진과 시험의 팁을 적어 누구나 쉽게 이해하며 실습할 수 있도록 하였습니다. 또한 실기시험안내, 수험자 지참준비물, 채점기준표, 위생상태를 알려드려 수험자가 한 번 더 확인하고 준비할 수 있도록 하였습니다.

이 책을 보며 공부하는 모든 수험생이 합격하기를 기원하겠습니다.
감사합니다.

저자 씀

Part

**1**

# 기초 서양조리 이론
*Basic Western Cuisine*

# 양식조리산업기사 시험안내

## [양식조리산업기사 시험정보]

1. 시행처 : 한국산업인력공단
2. 검정료
   - 필기 : 19,400원 / 실기 : 51,300원
3. 시험과목
   - 필기 : 1. 공중보건학, 2. 식품위생 및 관련법규, 3. 식품학, 4. 조리이론 및 급식관리
   - 실기 : 조리작업
4. 검정방법
   - 필기 : 객관식 4지 택일형, 과목당 20문항(과목당 30분)
   - 실기 : 작업형(2시간 정도)
5. 합격기준
   - 필기 : 100점을 만점으로 하여 과목당 40점 이상, 전 과목 평균 60점 이상(과락 있음)
   - 실기 : 100점을 만점으로 하여 60점 이상

## [수험자 신분증]

① 주민등록증(주민등록증발급신청확인서 포함)
② 운전면허증(경찰청에서 발행된 것)
③ 건설기계조종사면허증
④ 여권
⑤ 공무원증(장교 · 부사관 · 군무원 신분증 포함)
⑥ 장애인등록증(복지카드)(주민등록번호가 표기된 것)
⑦ 국가유공자증
⑧ 국가기술자격증, 국가기술자격법에 의거 한국산업인력공단 등 10개 기관에서 발행된 것
⑨ 동력수상레저기구 조종면허증(해양경찰청에서 발행된 것)

## 〈미성년자 학생인 경우〉

① 초, 중, 고 학생증(사진 · 생년월일 · 성명 · 학교장 직인이 표기 · 날인된 것) 주민번호가 포함되어 있어야 가능합니다.
   주민번호가 없을 시 아래를 확인 후 신분증을 지참해주세요!
② 국가자격검정용 신분확인증명서(별지 1호 서식에 따라 학교장 확인 · 직인이 날인된 것)
③ 청소년증(청소년증발급신청확인서 포함) – 각 주민센터 발급 가능
④ 국가자격증(국가공인 및 민간자격증 불인정)
⑤ 여권

## 〈신분증 대체 불가〉

- 초, 중, 고 학생증에 사진/성명/주민등록번호(생년월일)/학교장직인 중 하나라도 표기 · 날인되지 않은 경우
- 건강보험증, 주민등록초본, 대학학생증, 사원증, 민간자격증, 신용카드, 운전경력증명서
- 통신사에서 제공하는 모바일 운전면허 확인 서비스

# [위생상태 및 안전관리 세부기준 안내]

| 순번 | 구분 | 세부기준 |
|---|---|---|
| 1 | 위생복 상의 | • 전체 흰색, 손목까지 오는 긴소매<br>  − 조리과정에서 발생 가능한 안전사고(화상 등) 예방 및 식품위생(체모 유입방지, 오염도 확인 등) 관리를 위한 기준 적용<br>  − 조리과정에서 편의를 위해 소매를 접어 작업하는 것은 허용<br>  − 부직포, 비닐 등 화재에 취약한 재질이 아닐 것, 팔토시는 긴팔로 불인정<br>• 상의 여밈은 위생복에 부착된 것이어야 하며 벨크로(일명 찍찍이), 단추 등의 크기, 색상, 모양, 재질은 제한하지 않음(단, 핀 등 별도 부착한 금속성은 제외) |
| 2 | 위생복 하의 | • 색상·재질무관, 안전과 작업에 방해가 되지 않는 긴바지<br>  − 조리기구 낙하, 화상 등 안전사고 예방을 위한 기준 적용 |
| 3 | 위생모 | • 전체 흰색, 빈틈이 없고 바느질 마감처리가 되어 있는 일반 조리장에서 통용되는 위생모(모자의 크기, 길이, 모양, 재질(면·부직포 등)은 무관) |
| 4 | 앞치마 | • 전체 흰색, 무릎아래까지 덮이는 길이<br>  − 상하일체형(목끈형) 가능, 부직포·비닐 등 화재에 취약한 재질이 아닐 것 |
| 5 | 마스크 | • 침액을 통한 위생상의 위해 방지용으로 종류는 제한하지 않음(단, 감염병 예방법에 따라 마스크 착용 의무화 기간에는'투명 위생 플라스틱 입가리개'는 마스크 착용으로 인정하지 않음) |
| 6 | 위생화 (작업화) | • 색상 무관, 굽이 높지 않고 발가락·발등·발뒤꿈치가 덮여 안전사고를 예방할 수 있는 깨끗한 운동화 형태 |
| 7 | 장신구 | • 일체의 개인용 장신구 착용 금지(단, 위생모 고정을 위한 머리핀 허용) |
| 8 | 두발 | • 단정하고 청결할 것, 머리카락이 길 경우 흘러내리지 않도록 머리망을 착용하거나 묶을 것 |
| 9 | 손 / 손톱 | • 손에 상처가 없어야 하나, 상처가 있을 경우 보이지 않도록 할 것(시험위원 확인 하에 추가 조치 가능)<br>• 손톱은 길지 않고 청결하며 매니큐어, 인조손톱 등을 부착하지 않을 것 |
| 10 | 폐식용유 처리 | • 사용한 폐식용유는 시험위원이 지시하는 적재장소에 처리할 것 |
| 11 | 교차오염 | • 교차오염 방지를 위한 칼, 도마 등 조리기구 구분 사용은 세척으로 대신하여 예방할 것<br>• 조리기구에 이물질(예, 테이프)을 부착하지 않을 것 |
| 12 | 위생관리 | • 재료, 조리기구 등 조리에 사용되는 모든 것은 위생적으로 처리하여야 하며, 조리용으로 적합한 것일 것 |
| 13 | 안전사고 발생 처리 | • 칼 사용(손 빔) 등으로 안전사고 발생 시 응급조치를 하여야 하며, 응급조치에도 지혈이 되지 않을 경우 시험진행 불가 |
| 14 | 부정 방지 | • 위생복, 조리기구 등 시험장 내 모든 개인물품에는 수험자의 소속 및 성명 등의 표식이 없을 것(위생복의 개인 표식 제거는 테이프로 부착 가능) |
| 15 | 테이프사용 | 위생복 상의, 앞치마, 위생모의 소속 및 성명을 가리는 용도로만 허용 |

※ 위 내용은 안전관리인증기준(HACCP) 평가(심사) 매뉴얼, 위생등급 가이드라인 평가 기준 및 시행상의 운영사항을 참고하여 작성된 기준입니다.

## [수험자 지참준비물]

| 번호 | 재료명 | 규격 | 단위 | 수량 | 비고 |
|---|---|---|---|---|---|
| 1 | 위생복 | 상의 : 흰색/긴소매, 하의 : 긴바지(색상 무관) | 벌 | 1 | *위생복장(위생복, 위생모, 앞치마, 마스크)을 착용하지 않을 경우 채점대상에서 제외(실격) 됩니다. |
| 2 | 위생모 | 흰색 | EA | 1 | |
| 3 | 앞치마 | 흰색(남녀 공용) | EA | 1 | |
| 4 | 마스크 | – | EA | 1 | |
| 5 | 칼 | 조리용 칼, 칼집 포함 | EA | 1 | 조리 용도에 맞는 칼 |
| 6 | 도마 | 흰색 또는 나무도마 | EA | 1 | 시험장에도 준비되어 있음 |
| 7 | 계량스푼 | – | EA | 1 | |
| 8 | 계량컵 | – | EA | 1 | |
| 9 | 가위 | – | EA | 1 | |
| 10 | 냄비 | – | EA | 1 | 시험장에도 준비되어 있음 |
| 11 | 프라이팬 | – | EA | 1 | 시험장에도 준비되어 있음 |
| 12 | 석쇠 | – | EA | | |
| 13 | 밥공기 | – | EA | | |
| 14 | 국대접 | 기타 유사품 포함 | EA | | |
| 15 | 접시 | 양념접시 등 유사품 포함 | EA | 1 | |
| 16 | 종지 | | EA | 1 | |
| 17 | 숟가락 | 차스푼 등 유사품 포함 | EA | 1 | |
| 18 | 젓가락 | – | EA | 1 | |
| 19 | 쇠조리(혹은 체) | – | EA | 1 | |
| 20 | 국자 | – | EA | 1 | |
| 21 | 주걱 | – | EA | 1 | |
| 22 | 강판 | – | EA | 1 | |
| 23 | 뒤집개 | – | EA | 1 | |
| 24 | 집게 | – | EA | 1 | |
| 25 | 밀대 | – | EA | 1 | |
| 26 | 김발 | – | EA | 1 | |
| 27 | 거품기 | 수동 | EA | 1 | 자동 및 반자동 사용 불가 |
| 28 | 볼(Bowl) | – | EA | 1 | |
| 29 | 종이컵 | – | EA | 1 | |
| 30 | 위생타월 | 키친타월, 휴지 등 유사품 포함 | 장 | 1 | |
| 31 | 면포 / 행주 | 흰색 | 장 | 1 | |
| 32 | 비닐팩 | 위생백, 비닐봉지 등 유사품 포함 | 장 | 1 | |
| 33 | 랩 | – | EA | 1 | |
| 34 | 호일 | – | EA | 1 | |
| 35 | 이쑤시개 | – | EA | 1 | |
| 36 | 짜(짤)주머니 | 작은 것 | EA | 1 | |
| 37 | 장식튜브 | – | SET | 1 | |
| 38 | 제과용 붓 | 소형 | EA | 1 | |
| 39 | 채칼(Box Grater) | | EA | 1 | |
| 40 | 조리용 실(굵은 실) | 스테이크 고정용 | EA | 1 | |
| 41 | 고기 두드림망치 | 소 | EA | 1 | |
| 42 | 파링 나이프 (paring knife) | – | EA | 1 | |
| 43 | 본 나이프 (bone knife) | 뼈칼 | EA | 1 | |

| 번호 | 재료명 | 규격 | 단위 | 수량 | 비고 |
|------|--------|------|------|------|------|
| 44 | 몰드 | - | EA | 1 | |
| 45 | 상비의약품 | 손가락골무, 밴드 등 | EA | 1 | |

※ 지참준비물의 수량은 최소 필요수량으로 수험자가 필요시 추가지참 가능합니다.

※ 지참준비물은 일반적인 조리용을 의미하며, 기관명. 이름 등 표시가 없는 것이어야 합니다.

※ 지참준비물 중 수험자 개인에 따라 과제를 조리하는데 불필요한 조리기구는 지참하지 않아도 됩니다.

※ 지참준비물에는 없으나 조리기술과 무관한 단순 조리기구는 지참 가능(예. 수저통 등)하나, 조리기술에 영향을 줄 수 있는 기구를 사용한 경우 채점대상에서 제외(실격)됩니다.

※ 위생상태 세부기준은 큐넷 – 자료실 – 공개문제에 공지된 "위생상태 및 안전관리 세부기준"을 참조하시기 바랍니다.

## [채점기준표]

| 항목 | 점수 | 세부항목 | 세부점수 |
|------|------|----------|----------|
| 위생상태 및 안전관리 | 10점 | 개인위생 | 3점 |
| | | 식품위생(조리과정) | 4점 |
| | | 주방위생(정리정돈) | 2점 |
| | | 안전관리 | 1점 |
| 조리기술 | 70점 | 재료손질 | 7점 |
| | | 재료분배 | 5점 |
| | | 전처리작업 | 8점 |
| | | 재료썰기 | 10점 |
| | | 조리순서와 순련도 | 10점 |
| | | 조리방법 | 10점 |
| | | 가열하기 | 10점 |
| | | 양념하기 | 7점 |
| | | 조리기구 취급 | 3점 |
| 작품의 평가 | 20점 | 작품의 완성도(맛, 색) | 12점 |
| | | 그릇 담기 | 8점 |

## [실기시험 응시 전 확인사항]

1. 수험표를 출력하여 시험시작 30분 전에 입실하여 기다린다.

2. 시험장 도착한 후 위생복을 갖춰 입고 신분확인 후 번호표를 뽑는다.

3. 담당요원의 안내에 따라 입실하고 자신의 등번호 조리대로 간다.

4. 필요한 조리도구를 꺼내 정리하고 실기시험 유의사항을 읽는다.

5. 작품을 제출할 때는 시험장에서 제시된 그릇에 담아 제출한다.

6. 정해진 시간 안에 제출하는 것이 중요하므로 시간체크를 꼭 한다.

# [수험자 유의사항]

※ 다음 유의사항을 고려하여 요구사항을 완성합니다.

1) 조리산업기사로서 갖추어야 할 숙련도, 재료관리, 작품의 예술성을 나타내어야 합니다.

2) 지정된 시설을 사용하고 지급재료 및 지참공구 목록 이외의 조리기구는 사용할 수 없으며, 지참공구 목록에 없는 단순 조리기구(수저통 등) 지참 시 시험위원에게 확인 후 사용합니다.

3) 지급재료는 1회에 한하여 지급되며 재지급은 하지 않습니다.(단, 수험자가 시험 시작 전 지급된 재료를 검수하여 재료가 불량하거나 양이 부족하다고 판단될 경우에는 즉시 시험위원에게 통보하여 교환 또는 추가지급을 받도록 합니다.)

4) 요구사항의 규격은 "정도"의 의미를 포함하며, 지급된 재료의 크기에 따라 가감하여 채점됩니다.

5) 위생복, 위생모, 앞치마, 마스크를 착용하여야 하며, 시험장비, 가스레인지(가스밸브 개폐기 사용), 조리도구 등을 사용할 때에는 안전사고 예방에 유의합니다.

6) 다음 사항은 실격에 해당하여 채점 대상에서 제외됩니다.

　가) 수험자 본인이 시험 도중 시험에 대한 포기 의사를 표현하는 경우

　나) 위생복, 위생모, 앞치마, 마스크를 착용하지 않은 경우

　다) 시험시간 내에 과제를 모두 제출하지 못한 경우

　라) 문제의 요구사항대로 과제의 수량이 만들어지지 않은 경우

　마) 구이를 조림 등으로 조리하여 완성품을 요구사항과 다르게 만들거나 요구사항에 없는 과제(요리)를 추가하여 만든 경우

　바) 불을 사용하여 만든 과제가 과제특성에 벗어나는 정도로 타거나 익지 않은 경우

　사) 요구사항의 조리기구(석쇠 등)를 사용하여 완성품을 조리하지 않은 경우

　아) 수험자 지참준비물 이외 조리기술에 영향을 줄 수 있는 기구를 사용한 경우

　자) 시험 중 시설·장비(칼, 가스레인지 등) 사용 시 시험위원 및 타 수험자의 시험 진행에 위해를 일으킬 것으로 시험위원 전원이 합의하여 판단한 경우

　차) 요구사항에 표시된 실격 및 부정행위에 해당하는 경우

7) 완료된 작품은 지정한 장소에 시험시간 내에 제출하여야 합니다.

8) 가스레인지 화구는 2개까지 사용 가능합니다.

9) 작품을 제출한 다음 본인이 조리한 장소의 주변을 깨끗이 청소하고 조리기구를 정리정돈한 후 시험위원의 지시에 따라 퇴실합니다.

10) 시험시작 전 가벼운 몸 풀기(스트레칭) 동작으로 긴장을 풀고 시험을 시작합니다.

# 양식조리기능사 시험안내

## [양식조리기능사 시험정보]

1. 시행처 : 한국산업인력공단

2. 검정료
- 필기 : 14,500원 / 실기 : 29,600원

3. 시험과목
- 필기 : 양식 재료관리, 음식조리 및 위생관리
- 실기 : 조리작업

4. 검정방법
- 필기 : 객관식 4지 택일형, 60문항(60분)
- 실기 : 작업형(70분 정도)

5. 합격기준
- 필기 : 100점을 만점으로 하여 60점 이상
- 실기 : 100점을 만점으로 하여 60점 이상

## [수험자 신분증]

① 주민등록증(주민등록증발급신청확인서 포함)
② 운전면허증(경찰청에서 발행된 것)
③ 건설기계조종사면허증
④ 여권
⑤ 공무원증(장교 · 부사관 · 군무원 신분증 포함)
⑥ 장애인등록증(복지카드)(주민등록번호가 표기된 것)
⑦ 국가유공자증
⑧ 국가기술자격증, 국가기술자격법에 의거 한국산업인력공단 등 10개 기관에서 발행된 것
⑨ 동력수상레저기구 조종면허증(해양경찰청에서 발행된 것)

## 〈미성년자 학생인 경우〉

① 초, 중, 고 학생증(사진 · 생년월일 · 성명 · 학교장 직인이 표기 · 날인된 것) 주민번호가 포함되어 있어야 가능합니다.
주민번호가 없을 시 아래를 확인 후 신분증을 지참해주세요!
② 국가자격검정용 신분확인증명서(별지 1호 서식에 따라 학교장 확인 · 직인이 날인된 것)
③ 청소년증(청소년증발급신청확인서 포함) – 각 주민센터 발급 가능
④ 국가자격증(국가공인 및 민간자격증 불인정)
⑤ 여권

## 〈신분증 대체 불가〉

- 초, 중, 고 학생증에 사진/성명/주민등록번호(생년월일)/학교장직인 중 하나라도 표기 · 날인되지 않은 경우
- 건강보험증, 주민등록초본, 대학학생증, 사원증, 민간자격증, 신용카드, 운전경력증명서
- 통신사에서 제공하는 모바일 운전면허 확인 서비스

# [개인위생상태 세부기준]

| 순번 | 구분 | 세부기준 |
|---|---|---|
| 1 | 위생복 상의 | • 전체 흰색, 손목까지 오는 긴소매<br>　– 조리과정에서 발생 가능한 안전사고(화상 등) 예방 및 식품위생(체모 유입방지, 오염도 확인 등) 관리를 위한 기준 적용<br>　– 조리과정에서 편의를 위해 소매를 접어 작업하는 것은 허용<br>　– 부직포, 비닐 등 화재에 취약한 재질이 아닐 것, 팔토시는 긴팔로 불인정<br>• 상의 여밈은 위생복에 부착된 것이어야 하며 벨크로(일명 찍찍이), 단추 등의 크기, 색상, 모양, 재질은 제한하지 않음(단, 핀 등 별도 부착한 금속성은 제외) |
| 2 | 위생복 하의 | • 색상·재질무관, 안전과 작업에 방해가 되지 않는 긴바지<br>　– 조리기구 낙하, 화상 등 안전사고 예방을 위한 기준 적용 |
| 3 | 위생모 | • 전체 흰색, 빈틈이 없고 바느질 마감처리가 되어 있는 일반 조리장에서 통용되는 위생모(모자의 크기, 길이, 모양, 재질(면·부직포 등)은 무관) |
| 4 | 앞치마 | • 전체 흰색, 무릎아래까지 덮이는 길이<br>　– 상하일체형(목끈형) 가능, 부직포·비닐 등 화재에 취약한 재질이 아닐 것 |
| 5 | 마스크 | • 침액을 통한 위생상의 위해 방지용으로 종류는 제한하지 않음(단, 감염병 예방법에 따라 마스크 착용 의무화 기간에는'투명 위생 플라스틱 입가리개'는 마스크 착용으로 인정하지 않음) |
| 6 | 위생화 (작업화) | • 색상 무관, 굽이 높지 않고 발가락·발등·발뒤꿈치가 덮여 안전사고를 예방할 수 있는 깨끗한 운동화 형태 |
| 7 | 장신구 | • 일체의 개인용 장신구 착용 금지(단, 위생모 고정을 위한 머리핀 허용) |
| 8 | 두발 | • 단정하고 청결할 것, 머리카락이 길 경우 흘러내리지 않도록 머리망을 착용하거나 묶을 것 |
| 9 | 손 / 손톱 | • 손에 상처가 없어야 하나, 상처가 있을 경우 보이지 않도록 할 것(시험위원 확인 하에 추가 조치 가능)<br>• 손톱은 길지 않고 청결하며 매니큐어, 인조손톱 등을 부착하지 않을 것 |
| 10 | 폐식용유 처리 | • 사용한 폐식용유는 시험위원이 지시하는 적재장소에 처리할 것 |
| 11 | 교차오염 | • 교차오염 방지를 위한 칼, 도마 등 조리기구 구분 사용은 세척으로 대신하여 예방할 것<br>• 조리기구에 이물질(예, 테이프)을 부착하지 않을 것 |
| 12 | 위생관리 | • 재료, 조리기구 등 조리에 사용되는 모든 것은 위생적으로 처리하여야 하며, 조리용으로 적합한 것일 것 |
| 13 | 안전사고 발생 처리 | • 칼 사용(손 빔) 등으로 안전사고 발생 시 응급조치를 하여야 하며, 응급조치에도 지혈이 되지 않을 경우 시험진행 불가 |
| 14 | 부정 방지 | • 위생복, 조리기구 등 시험장 내 모든 개인물품에는 수험자의 소속 및 성명 등의 표식이 없을 것(위생복의 개인 표식 제거는 테이프로 부착 가능) |
| 15 | 테이프사용 | 위생복 상의, 앞치마, 위생모의 소속 및 성명을 가리는 용도로만 허용 |

※ 위 내용은 안전관리인증기준(HACCP) 평가(심사) 매뉴얼, 위생등급 가이드라인 평가 기준 및 시행상의 운영사항을 참고하여 작성된 기준입니다.

## [수험자 지참준비물]

| 번호 | 재료명 | 규격 | 단위 | 수량 | 비고 |
|---|---|---|---|---|---|
| 1 | 가위 | | EA | 1 | |
| 2 | 강판 | | EA | 1 | |
| 3 | 거품기 | 수동 | EA | 1 | 자동 및 반자동 사용 불가 |
| 4 | 계량스푼 | | EA | 1 | |
| 5 | 계량컵 | | EA | 1 | |
| 6 | 국대접 | 기타 유사품 포함 | EA | 1 | |
| 7 | 국자 | | EA | 1 | |
| 8 | 냄비 | | EA | 1 | 시험장에도 준비되어 있음 |
| 9 | 다시백 | | EA | 1 | |
| 10 | 도마 | 흰색 또는 나무도마 | EA | 1 | 시험장에도 준비되어 있음 |
| 11 | 뒤집개 | | EA | 1 | |
| 12 | 랩 | | EA | 1 | |
| 13 | 마스크 | – | EA | 1 | *위생복장(위생복, 위생모, 앞치마, 마스크)을 착용하지 않을 경우 채점대상에서 제외(실격)됩니다. |
| 14 | 면포 / 행주 | 흰색 | 장 | 1 | |
| 15 | 밥공기 | | EA | 1 | |
| 16 | 볼(Bowl) | | EA | 1 | 시험장에도 준비되어 있음 |
| 17 | 비닐팩 | 위생백, 비닐봉지 등 유사품 포함 | 장 | 1 | |
| 18 | 상비의약품 | 손가락골무, 밴드 등 | EA | 1 | |
| 19 | 쇠조리(혹은 체) | | EA | 1 | |
| 20 | 숟가락 | 차스푼 등 유사품 포함 | EA | 1 | |
| 21 | 앞치마 | 흰색(남녀 공용) | EA | 1 | *위생복장(위생복, 위생모, 앞치마, 마스크)을 착용하지 않을 경우 채점대상에서 제외(실격)됩니다. |
| 22 | 위생모 | 흰색 | EA | 1 | |
| 23 | 위생복 | 상의 : 흰색/긴소매, 하의 : 긴바지(색상 무관) | 벌 | 1 | |
| 24 | 위생타월 | 키친타월, 휴지 등 유사품 포함 | 장 | 1 | |
| 25 | 이쑤시개 | 산적꼬치 등 유사품 포함 | EA | 1 | |
| 26 | 접시 | 양념접시 등 유사품 포함 | EA | 1 | |
| 27 | 젓가락 | | EA | 1 | 나무젓가락 필수 지참(오믈렛용) |
| 28 | 종이컵 | | EA | 1 | |
| 29 | 종지 | | EA | 1 | |
| 30 | 주걱 | | EA | 1 | |
| 31 | 집게 | | EA | 1 | |
| 32 | 채칼(Box Grater) | | EA | 1 | 시저샐러드용으로만 사용 |
| 33 | 칼 | 조리용 칼, 칼집 포함 | EA | 1 | |
| 34 | 테이블스푼 | | EA | 2 | 숟가락으로 대체가능 |
| 35 | 호일 | | EA | 1 | |
| 36 | 프라이팬 | | EA | 1 | 시험장에도 준비되어 있음 |

※ 지참준비물의 수량은 최소 필요수량으로 수험자가 필요시 추가지참 가능합니다.
※ 지참준비물은 일반적인 조리용을 의미하며, 기관명, 이름 등 표시가 없는 것이어야 합니다.
※ 지참준비물 중 수험자 개인에 따라 과제를 조리하는 데 불필요한 조리기구는 지참하지 않아도 됩니다.
※ 지참준비물 목록에는 없으나 조리에 직접 사용되지 않는 조리 주방용품(예, 수저통 등)은 지참 가능합니다.
※ 수험자 지참준비물 이외의 조리기구를 사용한 경우 채점대상에서 제외(실격)됩니다.
※ 위생상태 세부기준은 큐넷 – 자료실 – 공개문제에 공지된 "위생상태 및 안전관리 세부기준"을 참조하시기 바랍니다.

# [채점기준표]

| 개인위생 3점, 안전관리 7점 = 10점 | | | 총 100점 중 60점 이상 합격 | |
|---|---|---|---|---|
| 과제별 각 배점 = 45점씩 | | | | |
| 위생상태 | 개인위생 | 3점 | 위생복을 착용하고 개인위생(두발, 손톱)좋으면 3점, 불량 0점(공통배점) | |
| | 조리위생 | 4점 | 재료와 조리기구를 위생적으로 다루기 | |
| 조리기술 | 재료 손질 | 3점 | 재료 세척 및 재료 다듬기 | |
| | 조리조작 및 칼질 | 27점 | 썰기, 볶기, 익히기, 끓이기 등 능숙한 조리법 사용 | |
| 작품평가 | 작품의 맛 | 6점 | 맵거나 짠맛, 싱거우면 감점 | |
| | 작품의 색 | 5점 | 색이 너무 진하거나 퇴색되면 감점 | |
| | 완성작 담기 | 4점 | 전체적인 조화가 되도록 담아내지 못하면 감점 | |
| 마무리 | 정리 정돈 | 3점 | 조리기구, 도마, 싱크대 등 주변 청소상태 양호 3점. 불량시 0점(공통배점) | |

# [실기시험 응시 전 확인사항]

1. 수험표를 출력하여 시험시작 30분 전에 입실하여 기다린다.
2. 시험장 도착한 후 위생복을 갖춰 입고 신분확인 후 번호표를 뽑는다.
3. 담당요원의 안내에 따라 입실하고 자신의 등번호 조리대로 간다.
4. 필요한 조리도구를 꺼내 정리하고 실기시험 유의사항을 읽는다.
5. 작품을 제출할 때는 시험장에서 제시된 그릇에 담아 제출한다.
6. 정해진 시간 안에 제출하는 것이 중요하므로 시간체크를 꼭 한다.

# [양식조리기능사 수험자 유의사항]

1) 만드는 순서에 유의하며, 위생과 숙련된 기능평가를 위하여 조리작업 시 맛을 보지 않습니다.

2) 지정된 수험자 지참준비물 이외의 조리기구나 재료를 시험장 내에 지참할 수 없습니다.

3) 지급재료는 시험 전 확인하여 이상이 있을 경우 시험위원으로부터 조치를 받고 시험 중에는 재료의 교환 및 추가지급은 하지 않습니다.

4) 요구사항 및 지급재료의 규격은 "정도"의 의미를 포함하며, 재료의 크기에 따라 가감하여 채점됩니다.

5) 위생복, 위생모, 앞치마, 마스크를 착용하여야 하며, 시험장비 · 조리기구 취급 등 안전에 유의합니다.

6) 다음 사항은 실격에 해당하며 채점 대상에서 제외됩니다.

   가) 수험자 본인이 시험 도중 시험에 대한 포기 의사를 표현하는 경우

   나) 위생복, 위생모, 앞치마, 마스크를 착용하지 않은 경우

   다) 시험시간 내에 과제 두 가지를 제출하지 못한 경우

   라) 문제의 요구사항대로 과제의 수량이 만들어지지 않은 경우

   마) 구이를 조림 등으로 조리하여 완성품을 요구사항과 다르게 만든 경우

   바) 불을 사용하여 만든 조리작품이 작품특성에 벗어나는 정도로 타거나 익지 않은 경우

   사) 해당 과제의 지급재료 이외 재료를 사용하거나 석쇠 등 요구사항의 조리기구를 사용하지 않은 경우

   아) 지정된 수험자 지참준비물 이외의 조리기구를 조리에 사용한 경우

   자) 가스레인지 화구 2개 이상(2개 포함) 사용한 경우

   차) 시험 중 시설 · 장비(칼, 가스레인지 등) 사용 시 시험위원 및 타 수험자의 시험 진행에 위해를 일으킬 것으로 시험위원 전원이 합의하여 판단한 경우

   카) 요구사항에 표시된 실격 및 부정행위에 해당하는 경우

7) 항목별 배점은 위생상태 및 안전관리 5점, 조리기술 30점, 작품의 평가 15점입니다.

8) 시험 시작 전 가벼운 몸풀기(스트레칭) 동작으로 긴장을 풀고 시험을 시작합니다.

# 1

## 기초 서양조리 이론

*Basic Western Cuisine*

# Chapter 1

# 기초 양식 재료

## 1. 전분류

전분류는 영양학적 의미에서 탄수화물의 섭취를 통한 열량 공급을 목적으로 하며 메인요리의 단백질, 지방과 더불어 포만감을 주는 역할을 하고 담백한 맛으로 메인요리와 조화를 이룬다. 이는 크게 곡류, 서류, 두류로 나눌 수 있다.

### ● 곡류

곡류는 크게 미곡류, 맥류, 잡곡류의 3종류로 나눌 수 있다.

미곡류에는 쌀, 찹쌀, 흑미 등이 있으며 그중 쌀이 가장 대표적인데 세계 총생산량의 약 92%가 아시아 지역에서 생산되고 있다.

맥류에는 보리, 밀, 귀리, 호밀 등이 있으며 밀은 세계 2대 작물로 90% 이상이 제분되어 제면, 제빵, 제과, 공업용으로 쓰인다.

잡곡류에는 기장, 메밀, 수수, 옥수수, 율무, 조 등이 있으며, 열량이 우수한 공급원이고 담백한 맛이 있다.

미곡류
쌀(Rice), 흑미(Black Rice)

맥류
보리(Barley), 밀(Wheat), 귀리 (Oat)

잡곡류
메밀(Buckwheat), 조(Foxtail Millet), 기장(Hog Millet), 수수(Sorghum), 옥수수(Corn), 율무
(Adlay)

● 서류

서류는 식물의 뿌리 일부가 비대해진 것으로, 전분 함량이 높고 다당류를 함유하여 주식대용으로 이용하는 식품이다.

무기질, 칼슘, 인 등이 많은 알칼리성 식품이고, 열에 잘 파괴되지 않는 비타민의 함량이 높으며 감자, 고구마, 토란, 마, 우무(곤약), 야콘 등이 있다.

서류
감자(Potato), 고구마(Sweet Potato), 야콘(Yacon), 토란(Taro), 마(Yam)

● 두류

곡류에 비하여 단백질과 지질의 함량이 높고 양식조리에서는 다양한 조리방법을 활용하여 메인요리의 사이드 메뉴로 활용되고 있으며 수프, 퓌레(퓨레)로도 사용된다.

대두는 가공하여 식품의 재료로 많이 사용되고 팥, 강낭콩, 렌즈콩, 완두, 땅콩 등은 요리에 직접사용되고 있다.

두류
대두(Soy Bean), 팥(Red Bean), 녹두(Mung Bean), 강낭콩(Kidney Bean), 완두(Green Pea), 렌즈콩(Lentils), 땅콩(Peanut)

## 2. 버섯류

균류 중에서 눈으로 식별할 수 있는 크기의 자실체를 형성하는 무리의 총칭을 버섯이라고 하는데 엽록소가 없어 다른 생물에 기생해야 살 수 있는 식물이며 식물학상 곰팡이와 같은 종류로 담자균류에 속한다.

산야에서 여러 가지 빛깔과 모양으로 널리 나타나며 표고버섯, 양송이버섯, 새송이버섯, 팽이버섯 등은 농가에서 재배되고 있다.

전 세계적으로 18,000여 종의 버섯 중 200여 종을 식용으로 사용할 수 있다.

대개 20~30여 종이 식품으로 사용된다.

**표고버섯**
생으로 먹거나 말려서 먹는다. 비타민 C, B,을 풍부하게 함유하고 있다.

**목이버섯**
말린 목이는 갈라지지 않은 것이 좋으며 식이섬유와 비타민 D가 풍부하다.

**팽이버섯**
뿌리부분이 다갈색으로 변하면 상태가 나쁜 것이며 식이섬유가 풍부하다.

**느타리버섯**
느타리는 살이 연해 쉽게 상하므로 오래 보관하지 않는 것이 좋으며 다이어트에 효과적이다.

**송이버섯**
갓 둘레가 자루보다 약간 굵은 것이 좋으며 향이 매우 뛰어나다.

**송로버섯**
떡갈나무 숲의 땅속에서 자라며 모두 30여 종이 있지만 흑색, 백색 트러플을 최고로 친다.

## 3. 채소류

채소류는 다양한 맛, 조직, 색으로 구성되어 있고 영양학적 의미에서 비타민, 무기질, 섬유질을 많이 함유하고 있다. 특히 채소류에는 수분이 70~80% 정도 들어 있는 반면 칼로리, 단백질 함량이 적어 체중을 줄이거나 식이요법 등에 많이 이용되고 있다. 또한 알칼리성 식품이므로 산성인 고기, 생선 등과 곁들이면 영양학적으로 균형을 이루는 매우 중요한 식재료이다.

채소는 식품에 쓰이는 부위를 기준으로 분류되는데 엽채류, 근채류, 인경채류, 과채류, 화채류 등으로 분류한다. 엽채류는 주로 잎을, 근채류는 뿌리를, 인경채류는 식물의 줄기를, 과채류는 식물의 열매를, 화채류는 식물의 꽃을 이용한다.

### 엽채류(잎채소)
배추(Chinese Cabbage), 양배추(Cabbage), 양상추(Lettuce), 시금치(Spinach), 청경채(Bok Choy), 케일(Kale), 물냉이(Watercress), 치커리(Chicory), 엔다이브(Endive), 파슬리(Parsley), 겨자잎(Mustard Green) 등

### 근채류(뿌리채소)
무(Radish), 당근(Carrot), 마늘(Garlic), 양파(Onion), 생강(Ginger), 연근(Lotus Root), 우엉(Burdock), 도라지(Bellflower Root), 더덕(Deodeok), 비트(Beet), 순무(Turnip), 파스닙(Parsnip), 고추냉이(Horseradish), 샬롯(Charlotte) 등

### 인경채류(줄기채소)
파(Welsh Onion), 부추(Chinese Leek), 미나리(Water Parsley), 고사리(Bracken), 아스파라거스(Asparagus), 셀러리(Celery), 죽순(Bamboo Shoot), 콜라비(Kohlrabi), 달래(Wild Chive) 등

### 과채류(열매채소)
오이(Cucumber), 가지(Eggplant), 고추(Chili), 호박(Pumpkin), 애호박(Squash), 토마토(Tomato), 아보카도(Avocado), 오크라(Okra) 등

### 화채류(꽃채소)
브로콜리(Broccoli), 콜리플라워(Cauliflower), 아티초크(Artichoke) 등

## 4. 과일류

과일은 꽃의 일부가 성장, 발달하여 변화한 것으로 식용되는 부분은 종류에 따라 다르다. 성장함에 따라 꽃에서 열매로 변하는 것은 일반적으로 꽃자루는 열매자루가 되고 꽃잎, 수술, 암술머리, 암술대 등은 열매를 맺은 뒤에 떨어져버린다.

과일의 맛은 표현하기 어렵고 다양하지만 일반적으로 단맛과 신맛이 주를 이루며 떫은맛, 과육의 촉감, 향기 및 색이나 형태 등도 맛의 결정에 영향을 준다.

과일의 영양적인 면을 보면 수분이 85~90%로 가장 많고 단백질 1~0.5%, 지방 0.3%, 당분과 섬유질의 탄수화물 10~12%가 함유되어 있다. 무기질은 0.4%로 카로틴과 칼륨이 들어 있고 그 밖에 비타민 C가 가장 많이 들어 있다.

과일은 발달 부위에 따라 인과류, 준인과류, 핵과류, 장과류, 과채류, 열대과일류, 견과류로 구분한다. 전 세계적으로 2,500여 종이 존재하며, 300여 종이 재배된다.

**인과류**
사과(Apple), 배(Pear), 모과(Quince)

**준인과류**
귤(Mandarin), 금귤(Kumquat), 오렌지(Orange), 레몬(Lemon), 라임(Lime), 유자(Citron)

**장과류**
라즈베리(Raspberry), 컨런트(Currant), 포도(Grape), 석류(Pomegranate)

**과채류**
딸기(Strawberry), 멜론(Melon), 수박(Watermelon), 참외(Korean Melon)

**견과류**
밤(Chestnut), 잣(Pine Nuts), 헤이즐넛(Hazelnut), 호두(Walnut), 은행(Ginkgo Nut)

**핵과류**
복숭아(Peach), 살구(Apricot), 체리(Cherry), 자두(Plum), 앵두(Korean Type Cherry)

**열대과일류**
대추야자(Date Palm), 두리안(Durian), 람부탄(Rambutan), 망고(Mango), 망고스틴(Mangosteen), 아보카도(Avocado), 코코넛(Coconut), 키위(Kiwi), 파인애플(Pineapple), 파파야(Papaya), 패션프루트(Passion Fruit)

## 5. 향신료

향신료는 요리의 맛, 색, 향을 내기 위해 사용하는 식물의 종자, 과실, 꽃, 잎, 껍질, 뿌리 등에서 일부분을 얻은 것으로 특유의 향미로 인해 식품의 향을 돋우거나, 조화로운 색감을 주어 식욕을 증진시키거나, 소화기능을 조정하는 작용을 돕는 것이다. 향신료는 사용부위에 따라 분류할 수 있는데 식물의 잎, 씨앗, 열매, 꽃, 줄기 & 껍질, 뿌리 등으로 나눌 수 있다.

### 잎 향신료
바질(Basil), 세이지(Sage), 처빌(Chervil), 타임(Thyme), 고수(Coriander), 민트(Mint), 오레가노(Oregano), 마조람(Marjoram), 파슬리(Parsley), 스테비아(Stevia), 타라곤(Tarragon), 레몬밤(Lemon Balm), 로즈메리(Rosemary), 라벤더(Lavender), 월계수잎(Bay Leaf), 딜(Dill)

### 씨앗 향신료
너트맥(Nutmeg), 커민씨(Cumin Seed), 코리앤더씨(Coriander Seed), 머스터드씨(Mustard Seed), 셀러리씨(Celery Seed), 딜씨(Dill Seed), 펜넬씨(Fennel Seed), 아니스씨(Anise Seed), 흰 후추(White Pepper), 메이스(Mace)

### 열매 향신료
검은 후추(Black Pepper), 파프리카(Paprika), 카다멈(Cardamom), 주니퍼베리(Juniper Berry), 카옌페퍼(Cayenne Pepper), 올스파이스(All Spice), 팔각(Star Anise), 바닐라(Vanilla)

### 꽃 향신료
사프란(Saffron), 정향(Clove), 케이퍼(Caper)

### 줄기&껍질 향신료
레몬그라스(Lemongrass), 차이브(Chive), 계피(Cinnamon)

### 뿌리 향신료
강황(Turmeric), 와사비(Wasabi), 생강(Ginger), 마늘(Garlic), 호스래디시(Horseradish)

## 6. 치즈류

치즈는 동물의 젖에 들어 있는 단백질을 산이나 효소로 응고, 발효시킨 것으로 전유, 탈지유, 크림, 버터밀크 등의 원료우유를 유산균에 의해 발효시키고 응유효소를 가하여 응고시켜 유청을 제거한 후 가열 또는 가압 등으로 만든 응고물 또는 숙성식품 등을 말한다.

치즈는 경질과 연질로 구분할 수 있는데 치즈의 수분함량에 따라 연질, 반경질, 경질, 초경질로 나눌 수 있으며 가공치즈는 자연치즈를 가공하여 품질과 보존성을 높여준 치즈이다.

### ● 연질치즈(수분함량 45~75%)

연질치즈는 수분함량이 45~75% 정도여서 가장 부드러운 치즈종류이다. 맛은 순하고 조직이 매끄러워 매우 부드럽기 때문에 보존성이 낮아 빠른 시일 내에 소비해야 한다.

연질치즈는 숙성방법에 따라 비숙성, 곰팡이숙성, 세균숙성의 3가지로 구분된다.

비숙성
코티지(Cottage), 리코타(Ricotta), 크림(Cream), 버펄로모차렐라(Buffalo Mozzarella), 마스카르포네(Mascarpone)

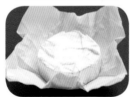

곰팡이숙성
브리(Brie), 카망베르(Camembert)

세균숙성
바농(Banon), 하바티(Havarti), 벨 파아제(Bel Paese)

### ● 반경질치즈(수분함량 40~45%)

반경질치즈는 수분함량 40~45% 정도로 대부분 응유를 압착하여 만든다.

반경질치즈는 숙성방법에 따라 곰팡이숙성과 세균숙성으로 나눌 수 있다.

곰팡이숙성

고르곤졸라(Gorgonzola), 블뢰 드 젝스(Bleu de Gex), 블뢰 다베르뉴(Bleu D'auvergne)

세균숙성

모차렐라(Mozzarella), 페타(Feta)

● **경질치즈(수분함량 30~40%)**

경질치즈는 수분함량 30~40%로 제조과정에서 응유를 익힌 다음, 세균을 첨가하여 3개월 넘게 숙성하여 만든다. 경질치즈는 세균을 첨가해야 하므로 세균숙성하여 만든다.

세균숙성

에멘탈(Emmental), 그뤼에(Gruyers), 고다(Gouda)

● **초경질치즈(수분함량 25~30%)**

초경질치즈는 수분함량 25~30%로 매우 단단하다. 파르메산, 그라나 파다노 등을 분말형태로 만들어 파스타나 피자 등에 넣어 사용한다.

세균숙성

파르메산(Parmesan), 그라나 파다노(Grana Padano), 페코리노 로마노(Pecorino Romano)

## 7. 어패류

어패류는 인간의 중요한 식품공급원이다. 서양에서는 여러 조리법에 요리의 기본으로 이용되는 것이 많다. 어패류는 형태에 따라 어류, 연체류, 갑각류로 나뉘며 극피동물과 그 외 기타로 분류할 수 있다.

### ● 어류

어류는 생김새에 따라 라운드 피시(Round Fish), 플랫 피시(Flat Fish)로 나눌 수 있다.

라운드 피시(Round Fish)는 둥근 몸통과 수직으로 된 지느러미가 양쪽으로 대칭인 것이 특징이며 해수어와 담수어로 구분이 가능하다.

플랫 피시(Flat Fish)는 납작한 몸통과 눈은 머리의 한쪽을 향하며 헤엄칠 때 평평한 몸을 흔들어 움직인다.

라운드 피시(Round Fish) → 해수어
참치(Tuna), 청어(Herring), 도미(Snapper), 대구(Cod), 복어(Puffer Fish), 아구(Monk-fish), 멸치(Anchovy), 고등어(Mackerel), 정어리(Sardine), 병어(Butterfish)

라운드 피시(Round Fish) → 담수어
연어(Salmon), 농어(Bass), 송어(Trout), 잉어(Carp), 철갑상어(Sturgeon), 메기(Catfish), 뱀장어(Eel)

플랫 피시(Flat Fish) → 해수어
광어(Halibut), 가자미(Sole), 홍어(Skate)

## ● 연체류

연체류는 껍질의 유무와 개수에 따라 단각류, 쌍각류, 두족류로 나눌 수 있다.

단각류는 하나의 껍질을 가지고 있으며 껍질이 석회질이다.

쌍각류는 두 개의 비슷한 껍질이 붙어 몸을 보호하는 형태이다.

두족류는 껍질은 없지만 머리를 뚜렷하게 가지고 눈, 다리 또한 진화되었다.

단각류
전복(Abalone), 소라(Conch), 달팽이(Snail, Escargot)

쌍각류
조개(Clam), 홍합(Mussel), 굴(Oyster), 가리비(Scallop)

두족류
오징어(Squid & Cuttlefish), 문어(Octopus), 낙지(Small Octopus), 꼴뚜기(Baby Octopus)

## ● 갑각류

갑각류는 담수와 해수 어디서든 찾아볼 수 있는 양수성 어패류다. 단단한 껍질로 싸여 있으며 더듬이와 집게발 등을 가진 것이 큰 특징이다.

갑각류
게(Crab), 바닷가재(Lobster), 새우(Shrimp), 민물가재(Crayfish)

### ● 극피동물

무척추동물로 가장 큰 특징은 가시가 난 피부이다.

극피동물
해삼(Sea Cucumber), 성게(Sea Urchin)

### ● 조개류 손질

조개와 홍합은 해감과 함께 이물질을 제거하고 관자는 핵과 막을 제거해준다.

〈조개 & 홍합 손질〉

〈관자는 핵과 막 제거〉

## ● 생선 손질

생선은 비늘은 제거하고 등쪽으로 칼집을 넣어 살 2장과 뼈 1장의 3장 뜨기, 머리를 제거하고 지느러미 쪽과 꼬리에 칼집을 넣고 척추에 칼집을 넣어 뼈를 타고 발라 살 4장과 뼈 1장의 5장 뜨기로 분류할 수 있다. 보통 3장 뜨기는 라운드 피시에, 5장 뜨기는 플랫 피시에 활용한다.

### 〈도미 3장 뜨기〉

3장 뜨기는 지느러미와 머리, 내장을 제거한 후 등 쪽에서 뼈를 타고 내려가 살 2장, 뼈 1장으로 분리한다.

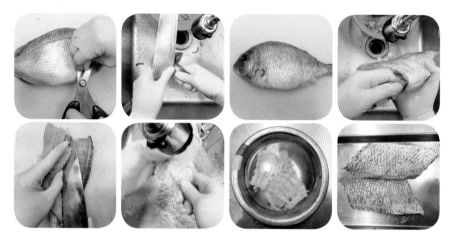

### 〈가자미 5장 뜨기〉

5장 뜨기는 머리와 내장을 제거한 후 꼬리, 지느러미, 등쪽 앞뒤로 칼집을 넣고 등쪽에서 뼈를 타고 내려가 살 4장과 뼈 1장으로 분리한다.

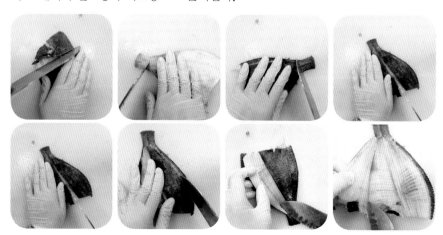

# 8. 가금류

가금류는 조류 중에서 알이나 고기의 생산을 목적으로 하여 인간이 사육하는 조류들과 야생에서 생활하는 야생조류로 분류되는데 현재는 야생조류 대부분이 인간에게 사육되고 있다.

**가금류**
오리(Duck), 오골계(Silky Fowl), 닭(Chicken), 칠면조(Turkey), 거위(Goose)

**야생조류**
꿩(Pheasant), 비둘기(Pigeon), 메추리(Quail), 기러기(Wild Goose), 백조(Swan), 타조 (Ostrich)

## ● 닭 손질법

〈닭다리 분리〉

닭을 깨끗이 세척한 후 다리에 칼집을 넣어 꺾어주고 꺾인 뼈에 맞춰 자른다.

  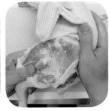 

〈닭 날개 분리〉

날개의 끝을 제거하고 칼집을 넣어 뒤로 꺾은 후 뼈를 따라 분리한다.

〈닭 가슴살 분리〉

닭 가슴살의 뼈를 타고 내려가 Y자 쇄골에 주의하며 떼어낸다.

## ● 닭다리살 분리

닭은 조리자격증에서 보통 닭다리(장각)로 주어지는데 닭다리의 뼈와 살을 분리하여 사용한다.
분리된 닭다리살의 경우 안에 토핑을 넣어 조리용 실로 고정해서 사용하는데 이를 룰라드라고
한다.

〈닭다리 뼈 분리하는 법〉

 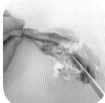  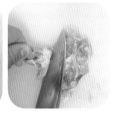

〈조리용 실 사용법〉

   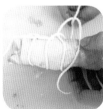

## 9. 육류

육류의 경우 고기의 색은 일반적으로 적색인데 가축의 나이, 고기의 숙성시간, 식육처리 후의 경과시간 등에 따라 상당한 차이가 있다.

육류는 가축의 젖이나 고기의 생산을 목적으로 사육하는 가축과 사람의 손을 타지 않는 야생동물로 구분할 수 있는데 현재는 대부분 인간에 의해 사육되고 있다.

가축
소(Beef), 송아지(Veal), 돼지(Pork), 염소(Goat), 어린 양(Lamb), 12개월 이상의 양(Mutton)

야생동물
사슴(Venison), 노루(Roe Deer), 고라니(Water Deer), 토끼(Rabbit), 멧돼지(Wild Boar)

● **돼지의 분류**

돼지는 크게 목심, 등심, 안심, 앞다리, 갈비, 삼겹살, 뒷다리 등의 7부위와 특수부위인 등심덧살(가브리살), 항정살, 토시살, 갈매기살 등의 4부위로 나누어진다.

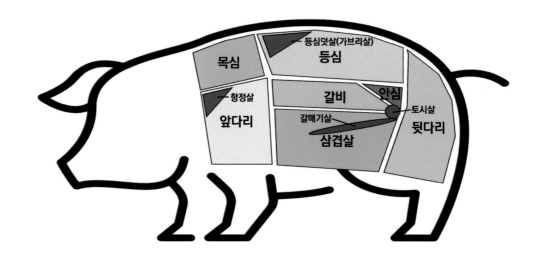

〈기본부위 7군데〉

목심
수육, 보쌈, 주물럭, 불고기 등에
사용

등심
돈가스, 스테이크, 양념불고기 등
에 사용

안심
장조림, 커틀릿, 탕수육, 꼬치구이
등에 사용

앞다리
불고기, 찌개, 국거리 등에 사용

갈비
구이, 바비큐(바베큐) 립 등에 사용

삼겹살
구이, 수육 등에 사용

뒷다리
수육, 장조림, 불고기 등에 사용

〈특수부위 4군데〉

등심덧살(가브리살)
등심 앞부분 위쪽 끝에 붙어 있는
특수부위로 구이용에 사용

항정살
앞다리 쪽에 있는 특수부위로 구
이용에 사용

토시살
갈비뼈 안쪽 가슴뼈 쪽에 있는 특
수부위로 구이에 사용

갈매기살
삼겹살에 속하지만 갈비뼈에서 분
리하는 특수부위다. 구이로 사용

## ● 소의 분류

소고기는 가축인 소의 고기를 말하며 우육(牛肉)이라고도 한다. 질 좋은 소고기는 동물성 단백질과 비타민 A, $B_1$, $B_2$ 등을 함유하여 영양가가 풍부하고 선명한 적색을 띠며 살결이 곱고 백색의 지방이 있는 것이 좋다.

소고기를 공기에 접촉시키면 미오글로빈이 산화되어 갈색으로 변화하고 지방도 산화하여 산패되므로 금방 사용하지 않을 경우 진공 포장하여 냉장 보관하거나 $-20℃$ 이하에 급속냉동시켜 보관하여야 한다.

소고기는 대표적으로 성별과 나이, 부위에 따라 고기의 향과 식감이 다르다.

성별과 나이는 사육한 5세의 암소가 가장 연하고 맛있으며 소는 크게 목심, 등심, 채끝, 안심, 우둔, 앞다리, 갈비, 설도, 양지, 사태의 총 10부위로 분류할 수 있다.

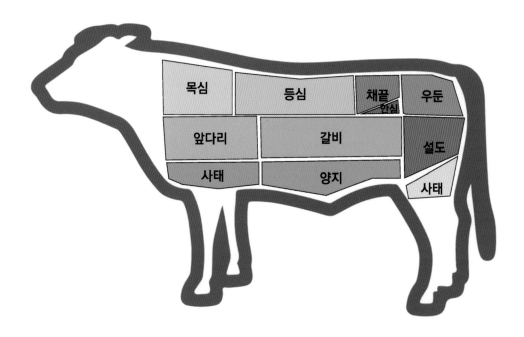

〈기본부위 10군데〉

목심
불고기, 탕, 전골에 이용한다.

등심
윗등심, 꽃등심, 아래등심살로 구분하며 구이, 스테이크에 이용한다.

채끝
등심 끝에 붙어 있으며 스테이크에 이용된다.

안심
장조림, 구이, 스테이크 등에 이용한다.

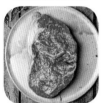
우둔
산적, 장조림, 육포, 불고기 등에 이용한다.

앞다리
부위에 따라 육회, 구이, 국거리 등에 이용한다.

갈비
본갈비, 꽃갈비, 참갈비로 나뉘며 구이, 찜, 탕 등에 이용한다.

설도
우둔 아래 있는 부위로 전골, 육회, 스테이크, 불고기 등에 다양하게 이용한다.

양지
부위에 따라 업진안살, 치맛살, 앞치마살 등으로 나뉘며 탕, 구이, 국거리 등에 이용한다.

사태
탕, 찌개, 불고기, 장조림 등에 이용된다.

## ─소 안심의 분류

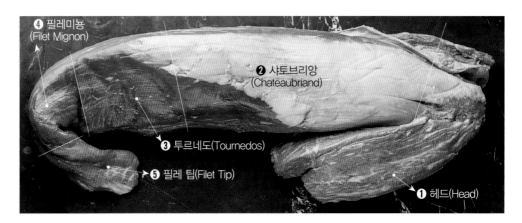

④ 필레미뇽
(Filet Mignon)

❷ 샤토브리앙
(Chateaubriand)

❸ 투르네도(Tournedos)

❺ 필레 팁(Filet Tip)

❶ 헤드(Head)

**헤드(Head)**
맨 앞부위를 말함

**샤토브리앙(Chateaubriand)**
소의 등뼈 양쪽에 붙어 있는 가장
연한 안심의 머리부분

**투르네도(Tournedos)**
Filet의 앞쪽으로 종종 베이컨이나
라드를 이용해 조리함

**필레미뇽(Filet Mignon)**
Filet의 뒤쪽 끝부분으로 보통 베
이컨에 말아 구워냄

**필레 팁(Filet Tip)**
안심 스테이크로 쓰이는 부분

## –미국 농무부(USDA) 소고기 등급

미국산 소고기 등급은 미국 농무부 USDA의 표준에 따라 마블링, 질감, 단단함 등을 고려해 아래와 같이 총 8가지 등급으로 분류한다. 이 중 상위 등급은 프라임, 초이스, 셀렉트 등이다.

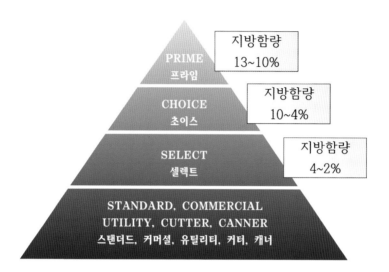

프라임(Prime)
최상급
육질은 연한 그물조직. 단단한 우윗빛의 두꺼운 지방으로 둘러싸여 있다.

초이스(Choice)
상등급
육질은 연한 그물조직. 맛과 육즙이 풍부하다.

셀렉트(Select)
상급
지방의 함량이 적어 요리하면 덜 수축된다.

스탠더드(Standard)
표준급
살코기의 비율이 높고 지방의 함량이 적다.

커머셜(Commercial)
판매급
성우육으로 맛은 풍부. 질기다.

유틸리티(Utility)
보통급
윗등급보다 맛과 향은 떨어지지만 경제적으로 유리하다.

커터(Cutter)
분쇄급
기계에 갈아서 사용한다.

캐너(Canner)
통조림급
제조 가공하여 사용한다.

## ● 육류별 손질법

### – 갈비 손질

갈비는 갈비뼈를 살려 넓게 펴주어야 하는데 바비큐 폭찹 등의 요리에 사용한다.

〈갈비 손질법〉

### – 소고기 손질

소고기는 기본적으로 실버스킨과 힘줄을 제거하고 육질이 부드러워지도록 칼집을 넣어 마리네이드한다. 필요에 따라 모양을 잡아주기 위해 조리용 실을 사용하기도 한다.

〈소고기의 손질 및 마리네이드〉

〈조리용 실 사용법〉

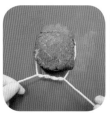

– 양갈비 손질

양갈비는 갈빗대 사이사이에 작은 뼈가 하나씩 있으므로 제거해야 한다. 제거된 양갈비는 갈비 사이의 살과 위쪽의 넓은 지방층을 제거하고 갈빗대의 얇은 막을 제거하여 준비한다.

〈양갈비 오돌뼈 제거〉

〈양갈비 지방 제거〉

〈양갈비 갈빗대 손질〉

# Chapter 2

# 기본재료 손질법

## 1. 기본재료 썰기

재료를 써는 방법에는 기본적으로 밀어썰기, 당겨썰기, 내려썰기가 있다.

밀어썰기는 칼을 밀면서 식재료를 써는 방법으로 칼의 앞쪽에 힘을 가하여 써는 방법이다. 식재료를 밀면서 썰면, 잘 썰어질 뿐만 아니라, 잘린 면도 깨끗하다.

당겨썰기는 칼을 당기면서 식재료를 써는 방법으로 칼의 손잡이 쪽으로 힘을 가하여 써는 방법으로, 가장 빠르게 썰 수 있는 방법이다.

내려썰기는 칼을 내려써는 방법으로 칼끝 쪽을 도마에 붙이고 힘을 가하여 써는 방법이다. 주로 식재료를 다질 때 사용하며, 손을 다칠 확률이 가장 적은 방법이다.

### ● 돌려깎기

감자나 사과 같은 원형재료의 껍질을 빠르고 깔끔하게 깎는 것

## ● 서양요리 기본 썰기

**슬라이스(Slice)**
모든 재료를 두께에 상관없이 채
또는 편써는 것

**파인 쥘리엔**
**(Fine Julienne)**
0.15cm×0.15cm×5cm 크기로
채써는 것

**쉬포나드(Chiffonade)**
잎종류의 허브 등을 돌돌 말아 머
리카락처럼 얇게 채써는 것

**쥘리엔 & 알뤼메트**
**(Julienne & Allumette)**
0.3cmm×0.3cmm×5cmm 크기
로 써는 것

**슈레드(Shred)**
모든 채소를 얇게 채써는 것

**라지 쥘리엔 & 바토네**
**(Large Julienne & Batonnet)**
0.6cmm×0.6cmm×5cmm 크기
로 써는 것

**찹(Chop)**
크기와 상관없이 다지는 것

**아셰(Hacher)**
각을 살려 다지는 것

**민스(Mince)**
으깨 가며 곱게 다지는 것

**도미노(Domino)**
직사각형의 형태로 자르는 것

**다이스 & 큐브**
**(Dice & Cube)**
정육각형의 모양으로 자르는 것

**브뤼누아즈(Brunoise)**
0.3cm×0.3cm×0.3cm 크기의
정육각형으로 써는 것

**스몰 다이스(Small Dice)**
0.6cm×0.6cm×0.6cm 크기의
정육각형으로 써는 것

**미디움 다이스(Medium Dice)**
1.2cm×1.2cm×1.2cm 크기의 정
육각형으로 써는 것

라지 다이스(Large Dice)
2.0cm×2.0cm×2.0cm 크기의 정육각형으로 써는 것

페이잔느(Paysanne)
1.2cm×1.2cm×0.3cm 크기로 써는 것

론델 & 라운드
(Rondelle & Round)
둥근 모양으로 써는 것

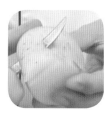
투르네(Tourner)
겉면을 둥글게 깎는 것

올리베트(Olivette)
올리브 모양의 각을 살려 자르는 것

샤토(Chateau)
올리베트 모양의 끝각이 죽도록 자르는 것

플루팅(Fluting)
양송이버섯을 회오리 모양으로 돌려가며 모양내는 것

비시(Vichy)
동전 모양의 라운드 모양에서 각진 부분을 제거하여 모양내는 것

파리지엔(Parisienne)
파리지엔 스쿱을 이용해 둥근 모양으로 파내는 것

제스트(Zest)
향이 있는 감귤류의 색이 있는 표피부분을 분리한 것으로 음식의 향을 더해줌

세그먼트(Segment)
감귤류의 쓴 속과 막을 제거하여 속살만을 남긴 것

# 기본 조리방법

## 1. 건열식 조리법

건열식은 재료에 직접적으로 열을 가하거나 기름을 이용하여 조리하는 방법이다. 재료의 한쪽 또는 여러 면으로 열을 가해 재료의 색과 모양을 잡아주는 역할을 하기도 한다.

건열식 조리법은 공기를 이용한 조리법과 기름을 이용한 조리법의 2가지로 나눌 수 있다.

### ● 공기를 이용한 조리법

브로일링(Broiling)
그릴 위쪽에 열원이 있어 재료를 구워주는 방식

그릴링(Grilling)
그릴 아래쪽에 열원이 있는 방식으로 훈연의 향을 줄 수 있는 장점이 있음. 우리나라의 석쇠구이 등이 해당됨

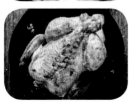
로스팅(Roasting)
육류나 가금류 등의 큰 덩어리고기를 오븐에 넣어 대류열로 익히는 방식으로 오븐에 넣기 전에 소테하여 갈색을 내고 넣는 것이 일반적임

베이킹(Baking)
오븐에서 건조열로 굽는 방식으로 빵종류를 조리할 때 많이 사용함. 음식물의 표면
을 마르게 하여 맛을 높여줌

스모킹(Smoking)
훈연으로 조리하는 방법

● 기름을 이용한 조리법

소테(Sauteing)
Pan에 소량의 Butter 혹은 Salad Oil을 넣고 채소나 잘게 썬 고기류 등을 200℃ 정도
의 고온에서 살짝 볶는 방법

스터 프라잉(Stir Frying)
소테의 또 다른 방식으로 웍을 사용하여 강한 불에서 식재료를 단시간에 빠르게 볶
아내는 기술

팬프라잉(Pan Frying)
반 잠길 정도의 기름으로 튀김

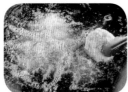

딥팻 프라잉(Deep Fat Frying)
완전히 잠길 정도의 기름으로 튀김

## 2. 습열식 조리법

습열식 조리법은 습기의 열을 이용해서 조리하는 것으로 물속에서 조리하는 방식과 수증기와 압력을 이용해서 조리하는 방식이 있다. 보통 대류 또는 전도를 사용하여 열을 전달한다.

**보일링(Boiling)**
기본적인 끓이기 방법으로 100℃ 이상으로 물을 끓여 익히는 방법
감자 삶기, 당근 삶기 등

**블랜칭(Blanching)**
물 100℃에 빨리 데치는 것
브로콜리, 아스파라거스 데치기, 토마토 데치기 등

**시머링(Simmering)**
물 100℃ 이하에서 뭉근하게 끓이는 것
육수, 소스 등

**포칭(Poaching)**
특정온도에서 음식 모양이 깨지지 않게 익혀내는 방법
72~85℃
수란, 소시지, 생선 등

**샬로포칭(Shallow Poaching)**
적은 양의 육수와 백포도주를 이용해 생선이나 가금류를 익힐 때 액체를 내용물의
1/2 이하 정도로 넣어 조리하는 것

**스티밍(Steaming)**
수증기로 익히는 것
만두, 테린 등

## 3. 복합조리법

복합조리법은 습열식과 건열식 조리법을 모두 포함한 조리법으로 두 가지 조리법의 원리를 모두 사용한다.

**브레이징(Braising)**
대표적인 복합조리법으로 고깃덩어리를 건열식으로 갈색이 되도록 구워준 후 소스에 1/4 정도 담가 오븐에 익힘

**스튜잉(Stewing)**
작은 덩어리를 갈색이 되도록 구워준 후 재료가 완전히 잠길 정도의 육수로 익혀서 만듦

**푸알레(Poeler)**
덩어리를 자작한 육수에 담가 뚜껑을 덮어 오븐에 찐 후 강한 불에서 육수가 완전히 졸아들 때까지 끓여서 완성함

## 4. 그 외 조리법

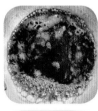

**디글레이징(Deglazing)**
바닥에 붙은 것을 스톡이나 와인으로 떼어내는 작업

**글레이징(Glazing)**
채소를 물, 설탕, 버터를 이용하여 코팅하는 기술

**라딩(Larding)**
고기 안에 지방을 넣는 것

**바딩(Barding)**
고기 겉을 지방으로 감싸는 것

베이스팅 & 아로제
(Basting & Arroser)
고기를 구울 때 버터와 허브를 계속 위에 뿌리는 것

레스팅(Resting)
익힌 고기를 휴지시키는 과정

플람베이(Flambé)
강하게 달군 팬에 와인을 뿌려 불을 일으켜 알코올과 함께 잡내를 날리는 작업

플랑베(Flambee)
과일을 설탕류를 이용해서 버무려 식후에 먹는 디저트

콩포트(Compote)
과일을 통째로 설탕에 조린 것으로 잼과 비슷함

처트니(Chutney)
과일 또는 채소를 식초와 향신료 등을 넣고 섞어 만든 인도의 소스

어니언 브륄레(브루리)
(Onion Brulee)
양파를 그을린 후 육수에 넣어 사용한다. 양파의 맛과 불향을 넣기 위해 사용함

어니언 캐러멜리제이션
(Onion Caramelization)
양파의 당을 뽑아내어 극대화시키는 방법으로 양파를 지속적으로 볶아 만듦

토마토 콩카세
(Tomato Concasse)
토마토의 껍질을 제거해 원하는 크기로 다이스하는 것

스웨팅(Sweating)
채소를 색상이 투명해질 때까지 볶아 단맛을 빼주는 작업

스위밍(Swimming)
많은 양의 기름으로 내용물을 헤엄치듯 익히는 방법

시어링(Searing)
식재료의 표면을 캐러멜화시켜 풍미와 식감을 주는 작업

# Chapter 4

# 3S(스톡, 수프, 소스)

## 1. 스톡

스톡은 서양요리에서 가장 기본이 되는 것으로 우리나라의 육수와 동일하다고 생각할 수 있다. 기본적으로 주재료의 뼈와 미르포아, 부케가르니를 이용해서 만든다.

### ● 스톡의 종류

화이트 스톡(White Stock)
화이트 비프스톡(White Beef Stock), 화이트 피시스톡(White Fish Stock), 화이트 치킨스톡(White Chicken Stock), 화이트 베지터블 스톡(White Vegetable Stock)

브라운 스톡(Brown Stock)
브라운 비프스톡(Brown Beef Stock), 브라운 빌 스톡(Brown Veal Stock), 브라운 게임 스톡(Brown Game Stock), 브라운 치킨 스톡(Brown Chicken Stock)

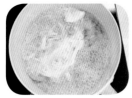

부용(Bouillon)
미트 부용(Meat Bouillon), 베지터블 부용(Vegetable Bouillon)

## 2. 수프

수프의 종류는 매우 많으나 크게 농도, 온도, 재료, 지역에 따라 나눌 수 있다.

### ● 농도(Concentration)

맑은 수프(Clear Soup)
콘소메 수프(Consomme Soup)

진한 수프(Thick Soup)
크림 수프(Cream Soup),
퓨레 수프(Puree Soup),
비스크 수프(Bisque Soup)

### ● 온도(Temperature)

뜨거운 수프(Hot Soup)
대부분의 수프

차가운 수프(Cold Soup)
차가운 콘소메 수프(Cold Consomme
Soup), 가스파초 수프(Gazpacho
Soup), 차가운 오이수프(Cold
Cucumber Soup)

### ● 재료(Ingredient)

고기수프(Beef Soup)
보르쉬 수프(Borscht Soup),
굴라쉬 수프(Goulash Soup)

채소수프(Vegetable Soup)
미네스트로니 수프
(Minestrone Soup)

생선수프(Fish Soup)
부야베스 수프
(Bouillabaisse Soup)

### ● 지역(Region)

국가적 수프
헝가리 수프(Hungarian Soup)

지역적 수프
체더치즈 수프(Cheddar Cheese
Soup)

## 3. 소스

소스는 색에 의해 갈색, 흰색, 블론드색, 적색, 노란색으로 구분할 수 있다. 이것을 5대 모체소스라 하는데 이 소스에서 여러 소스가 파생되어 나온다.

### ● 5대 모체소스

**갈색-데미글라스 소스(Demi Glace Sauce)**
주재료는 브라운 스톡을 농축시켜 만드는 소스로 데미글라스, 퐁드보, 에스파뇰, 브라운 소스를 모체소스로 사용한다.

**흰색-벨샤멜 소스(Bechamel Sauce)**
주재료는 우유와 흰색 루로 만들어지며, 주로 닭 요리, 생선, 채소 등에 다양하게 사용한다.

**블론드색-벨루테 소스(Veloute Sauce)**
주재료는 생선스톡, 닭육수, 송아지 육수 등으로 만드는 소스로 주로 생선이나 닭요리에 사용한다.

**적색-토마토 소스(Tomato Sauce)**
주재료는 토마토와 육수로 만들어지며 주로 피자, 파스타 요리에 많이 사용한다.

**노란색-홀랜다이즈 소스(Hollandaise Sauce)**
주재료는 달걀노른자와 정제버터로 만들어지며 주로 생선요리, 채소, 달걀 요리 등에 사용한다.

## 4. 3S 부재료

스톡, 수프, 소스의 경우 기본적으로 사용되는 부재료가 필요하다.

맛을 잡아주는 미르포아, 향을 잡아주는 향신료, 농도를 잡아주는 농후제 등이 대표적이다.

### ● 미르포아(Mirepoix)

미르포아(Mirepoix)
기본 미르포아(Mirepoix)는 양파, 당근, 셀러리의 비율을 2 : 1 : 1로 만들고 스톡이나
수프, 소스와 쿠르부용 등에 이용한다.

### ● 향신료(Spice)

부케가르니(Bouquet Garni)
부케가르니(Bouquet Garni)는 셀러리, 릭, 통후추, 파슬리줄기 등 신선한 허브를 사용한다.
주로 수프나 소스를 끓일 때 사용한다.

사세 데피스 & 스파이스 백
(Sachet D'epice & Spice
Bag)
각종 향신료 등을 소창에 넣어 만
든다. 주로 적은 양을 조리할 때
사용한다.

어니언피켓(Onion Pique)
양파에 월계수잎, 정향 등을 꽂아
만든다. 주로 적은 양을 조리할
때 사용한다.

## ● 농후제(Thickening agents)

**화이트 루(White Roux)**
밀가루와 버터를 1대1 비율이 되도록 볶다가 색이 나기 전에 중지한다.

**전분(Starch)**
옥수수, 감자, 고구마 등에 있는 것으로 서양에서는 많이 사용하지 않는다.

**블론드 루(Blond Roux)**
화이트 루보다 조금 더 색을 낸 것으로 약간 캐러멜색이 됐을 때 중지한다.

**뵈르마니(Beurre Manie)**
밀가루와 버터를 같은 비율로 반죽하여 사용한다.

**브라운 루(Brown Roux)**
블론드 루보다 더욱 짙은 갈색이 되도록 볶아준다.

**리에종(Liaison)**
달걀노른자에 생크림이나 우유를 넣어 만든다.

## ● 루(Roux)

양식에는 기본적으로 농도를 잡아주는 Roux가 있는데 색깔별로 화이트, 블론드, 브라운 루로 나눌 수 있다. 루는 밀가루와 버터의 비율을 1:1로 하여 색이 날 때까지 골고루 볶아 만든다.

〈루 만드는 법〉

 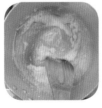  

# 감자 조리

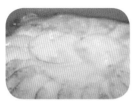

안나 포테이토(Anna Potato)
감자를 지름 약 3cm, 두께 약 0.2cm 정도로 얇게 만들어 원형틀에 겹겹으로 쌓아
오븐에 익히는 방식이다.

베이크트 포테이토(Baked Potato)
감자를 통째로 쿠킹호일에 감싸 200℃ 정도의 오븐에서 40~50분간 충분히 익혀
십자로 갈라 사워크림을 활용한 소스를 곁들여 만든다.

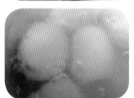

보일드 포테이토(Boiled Potato)
감자의 껍질을 제거한 후 소금물에 삶아 버터와 간을 해서 만든다.

샤토 포테이토(Chateau Potato)
감자를 샤토 모양으로 만들어 삶은 후 튀기거나 볶아서 만든다.

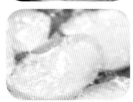

칩스 포테이토(Chips Potatoes)
감자를 약 1mm 정도로 얇게 슬라이스하여 물에 담가 전분을 제거한 뒤 물기를 제거
하여 기름에 갈색으로 튀겨 소금 간하여 만든다.

### 크로켓 포테이토(Croquette Potato)
감자를 삶거나 오븐에 구워 익혀준 후 소금, 후추, 노른자, 너트맥 등을 넣고 반죽해 원통형으로 만들어 밀가루, 달걀, 빵가루를 묻혀 튀겨서 만든다.

### 더치스 포테이토(Duchess Potato)
감자를 삶아 으깬 후 소금, 후추, 노른자, 너트맥 등을 넣고 짤주머니로 모양있게 짜서 달걀노른자를 발라 오븐에 색을 내어 만든다.

### 퐁당 포테이토(Fondant Potato)
감자를 샤토 모양보다는 조금 더 굵게 만들어 버터와 스톡, 향신료를 넣고 오븐에서 익힌다.

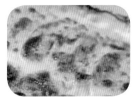
### 그라탱 알라 도피누아즈 드 포테이토(Gratin à la Dauphinoise de Potato)
감자를 0.2cm 두께로 썰어 크림에 익힌 후 치즈를 뿌려 오븐에서 갈색으로 색을 내어 완성한다.

### 해시 브라운 포테이토(Hash Brown Potato)
감자를 물에 삶아 완전히 식혀서 강판에 간 후 달걀, 우유, 소금 등으로 간하여 반죽을 만든 후 지름 5cm, 두께 1cm 정도로 만들어 버터와 함께 갈색으로 구워낸다.

### 리오네즈 포테이토(Lyonnaise Potato)
감자를 반으로 자른 후 두께 0.4cm 정도로 썰어 절반 정도 삶는다. 팬에 슬라이스한 양파와 베이컨을 볶은 후 감자와 함께 색이 날 때까지 볶아 완성한다. 이 요리는 반드시 양파가 들어 있어야 한다.

### 매시트 포테이토(Mashed Potato)
감자를 통째로 삶아 으깬 감자에 간을 하여 완성한다.

### 파리지엔 포테이토(Parisienne Potatoes)
감자를 파리지엔 스쿱을 이용하여 구슬모양으로 파내어 오븐에 굽거나 삶은 후 기름에 튀겨 만든다.

### 퐁뇌프 포테이토(Pont Neuf Potatoes)
감자를 0.6×0.6×6cm 크기로 잘라 삶은 후 튀겨서 만든다.

### 윌리엄 포테이토(Williams Potatoes)
꼭지 모양으로 크로켓 반죽을 만든 후 꼭지 끝에 버미첼리 국수를 5cm 길이로 잘라 꽂아 냉장고에 30분 이상 넣어 굳힌다. 그 후 기름에 갈색으로 튀겨 만든다.

### 캐서롤 포테이토(Casserole Potato)
용기에 슬라이스한 감자와 베샤멜소스, 치즈 등을 겹겹이 쌓아 오븐에 노릇하게 구워 만든다. 보통 모양이 잡혀 떨어질 수 있도록 만들어준다.

### 뢰스티 포테이토(Rosti Potatoes)
감자를 통째로 절반 정도 익혀서 말린 후 감자의 껍질을 벗겨 채칼로 채썬다. 팬에 버터를 넣고 감자, 버터, 소금, 후추 순으로 쌓아 올리고 감자의 앞뒤가 황갈색이 될 때까지 구워서 만든다.

# 2

# 양식조리산업기사

*Industrial Engineer Cook, Western Food*

# 토마토 쿨리를 곁들인 치킨 룰라드

## *Chicken Roulade with Tomato Coulis*

### 요구사항

※ 위생과 안전에 유의하여 주어진 재료로 토마토 쿨리를 곁들인 치킨 룰라드(Chicken Roulade with Tomato Coulis)를 다음과 같이 만드시오.

㉮ 치킨 룰라드(Chicken Roulade)
1) 닭다리는 뼈와 살을 분리하여 사용하시오.
2) 양송이와 기타 재료를 사용하여 듁셀(Duxelles)을 만들어 닭다리살에 넣고 룰라드하시오.
3) 닭다리는 정제버터를 사용하여 갈색으로 팬후라이하시오.

㉯ 토마토 쿨리(Tomato Coulis)
1) 토마토와 양파, 마늘 등 기타 재료를 사용하여 토마토 쿨리를 만드시오.
2) 닭육수를 만들어 사용하시오.

㉰ 가니쉬(Garnish)
1) 감자는 더치스 포테이토(Duchess Potato)를 만들고, 채소를 이용하여 가니쉬를 만드시오.
2) 사과는 글레이징(Glazing)하시오.

㉱ 룰라드한 닭다리는 적당한 크기로 잘라 토마토 쿨리, 가니쉬와 함께 담아내시오.

---

### 지급재료

- 닭다리 1개
  (약 250g, 뼈 있는 것)
- 버터 130g
- 생크림 50ml(동물성)
- 빵가루 30g
- 당근 1/2개
- 사과 1/4개
- 가지 1/2개
- 브로콜리 50g
- 감자 1개
- 올리브오일 10ml
- 양파 1/4개
- 마늘 1쪽
- 토마토 퓨레 70ml
- 적포도주 30ml
- 토마토 1/2개
- 달걀 1개
- 바질 2줄기(Fresh)
- 타임 5g(Fresh)
- 월계수 1잎(마른 것)
- 소금 10g
- 흰 후춧가루 5g
- 흰 설탕 10g
- 양송이 80g
- 실 50cm(조리용 흰 실)

# 가. 치킨 룰라드(Chicken Roulade)

## 닭다리

① 닭다리는 뼈와 살을 분리한 후 기름기와 힘줄을 제거하여 넓게 펴준다.
   (p.33 참조)
② 닭다리살에 마리네이드(소금, 흰 후추, 타임, 올리브오일)해준다.

## 듁셀

① 양송이, 양파를 작게 다이스(0.5×0.5)한 후 팬에 버터를 둘러 볶아준다.
② 양송이가 어느 정도 볶아지면 생크림, 빵가루를 넣고 농도를 맞춘 후 소금과 흰 후추로 간을 해준다.

## 정제버터

① 버터 100g 정도를 중탕으로 녹여준다.
② 버터를 안정화시킨 후 가라앉은 불순물을 빼고 옮겨 담는다.

## 치킨 룰라드

① 닭다리살을 펼친 후 그 위에 버섯듁셀을 올린 다음 말아준다.
② 조리용 실을 이용하여 말아놓은 닭다리살을 묶어준다.
③ 팬에 정제버터를 넣고 온도를 올린 후 조리용 실로 묶은 치킨 룰라드를 갈색이 되게 구워준다.
④ 중간에 정제버터와 타임을 넣고 버터를 끼얹으며(베이스팅 or 아로제) 구워준다.
⑤ 오븐(180~200℃)에 넣은 후 내부온도 63~65℃까지 익힌다.

### POINT

• 닭다리는 발골 후, 마리네이드한 다음 랩을 씌워준다.
• 듁셀의 농도가 너무 묽게 만들어지지 않도록 한다.
• 정제버터의 불순물이 들어가지 않도록 유의한다.
• 룰라드 모양이 흐트러지지 않도록 유의한다.
• 반드시 커팅하여 제출한다.

# 나. 토마토 쿨리(Tomato Coulis)

## 닭육수

❶ 닭뼈를 찬물에 넣어 핏물을 제거한다.
❷ 양파, 당근을 채썰어준다.
❸ 물 500ml에 뼈, 양파, 당근, 양송이 밑동, 월계수잎 등을 넣고 뭉근히 끓여준다(시머링).
❹ 중간중간 거품 및 불순물을 제거해준다.
❺ 면보를 이용해 체에 걸러 육수를 완성한다.

## 재료 손질

❶ 양파, 마늘을 곱게 다져준다.
❷ 끓는 물에 토마토를 데친 후 껍질과 씨를 제거한 다음 다져준다.
❸ 타임과 바질을 다져준다.

## 토마토 쿨리

❶ 팬에 버터를 두른 후 양파, 마늘, 소금, 후추를 넣고 볶아준다.
❷ 중간에 와인을 넣고 조리다가 토마토 퓨레, 다진 토마토를 넣어준다.
❸ 어느 정도 조려지면 닭육수를 넣고 뭉근한 불에 조려준다.
❹ 중간에 허브(바질)를 넣어 끓여주고 농도가 맞춰지면 체에 내려준다.

### POINT

• 채소 등을 끓여 농도를 진하게 만든 것을 쿨리라 할 수 있다.
• 육수나 소스를 끓일 때 거품이나 불순물을 계속 제거해주어야 소스의 맛이 깔끔해진다.
• 와인과 토마토를 넣을 때 뭉근한 불에 오랜 시간 끓여야 맛이 좋아진다.

# 다. 가니쉬(Garnish)

## 더치스 포테이토(Duchess Potato)

1. 감자를 1cm 두께로 큼직하게 썬 후 소금물에 삶아준다.
2. 삶아진 감자는 체에 내려준 후 정제버터, 소금, 백후추, 노른자를 넣고 되직한 농도를 만들어준다.
3. 크림화된 감자는 깍지가 들어 있는 짤주머니에 넣고 모양을 잡아가며 짜준다.
4. 모양 잡힌 감자는 오븐(180℃)에 노릇하게 구워준다.

## 사과 글레이징(Apple Glazing)

1. 사과는 원하는 모양으로 만들어준다(올리베트모양, 반달모양, 구슬모양).
2. 팬에 버터 1T, 설탕 1/2T, 육수 or 물 50ml, 소금 소량을 넣고 사과를 코팅해준다.

## 채소 가니쉬(Vegetable Garnish)

1. 당근 – 올리베트 커팅 – 5~6분 삶기 – 사과와 함께 글레이징
2. 가지 – 세로 커팅 – 마리네이드(소금, 흰 후추, 올리브유, 타임) – 오븐 굽기 (180℃)
3. 브로콜리 – 커팅 – 데치기 – 팬에 오일로 볶은 후 소금, 후추 간 해준다.

**POINT**

- 더치스 포테이토가 너무 묽거나 되직하면 모양이 나오지 않거나 무너지므로 유의한다.
- 사과는 갈변되지 않도록 설탕물에 담가둔다.
- 브로콜리, 당근 등이 덜 익거나 오버쿡되지 않도록 유의한다.
- 글레이징의 코팅에 유의한다.

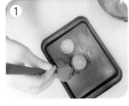

## 라. 룰라드한 닭다리는 적당한 크기로 잘라 토마토 쿨리, 가니쉬와 함께 담아내시오.

Basting / Arroser(베이스팅/아로제)

녹인 버터나 지방을 조리 중에 스푼으로 음식물에 끼얹는 것

Clarified Butter(정제버터)

약한 불에 녹여 수분과 불순물을 제거한 버터

Concasse(콩카세)

껍질과 씨를 제거하여 다이스하는 것

Coulis(쿨리)

채소나 갑각류 등을 갈아 끓인 뒤 농도를 진하게 만든 것

Duchess Potato(더치스 포테이토)

으깬 감자와 노른자 등으로 반죽을 만들어 짤주머니에 모양있게 짜서 오븐에 구운 것

Duxelles(뒥셀)

다진 양송이와 양파 등을 숨죽여 볶는 것

Glazing(글레이징)

음식의 표면을 윤기나게 코팅시키는 것

Marinade(마리네이드)

고기나 생선을 재우기 위한 향신액체

Purée(퓨레)

육류나 채소류를 갈아 체에 걸러 농축시킨 것

Resting(레스팅)

육류를 익힌 뒤 몇 분간 휴지시켜 고기 중앙에 몰린 피를 고르게 분산시키는 것

Simmering(시머링)

재료가 흐트러지지 않도록 뭉근히 끓이는 것

Skimming(스키밍)

끓일 때 발생하는 거품과 불순물을 제거하는 것으로 스톡의 혼탁도를 줄일 수 있음

# 타임소스를 곁들인 양갈비구이

## *Roasted Rack of Lamb with Thyme Sauce*

**2** 1시간 30분

## 요구사항

※ 위생과 안전에 유의하여 주어진 재료로 타임소스를 곁들인 양갈비구이(Roasted Rack of Lamb with Thyme Sauce)를 다음과 같이 만드시오.

㉮ 양갈비구이(Roasted Rack of Lamb)
  1) 양갈비의 살과 뼈는 깨끗이 다듬어 소금, 으깬 검은 후추, 향신료 등으로 마리네이드하시오.
  2) 양갈비는 팬에서 연한 갈색을 내어 꿀을 넣은 민트 젤리와 양겨자 크러스트(Mustard Crust)를 만들어 바르시오.
  3) 양겨자 크러스트는 양겨자, 빵가루, 마늘, 향신료 등을 사용하여 만드시오.
  4) 양갈비는 오븐에서 미디움으로 구워 뼈를 포함해 3등분으로 잘라 접시에 담으시오.

㉯ 안나 포테이토(Anna Potato)
  1) 안나 포테이토는 지름 4cm, 두께 0.2cm, 높이 3cm 정도의 크기로 몰드, 틀, 쿠킹호일 등으로 만들어 오븐에서 갈색으로 구우시오.
  2) 아스파라거스는 끓는 물에 데친 후 볶아 사용하시오.
  3) 끓는 물에 데쳐 오븐에서 구운 마늘과 타임도 가니쉬로 사용하시오.

㉰ 타임 소스(Thyme Sauce)
  1) 타임 소스를 타임향이 있게 하고 농도에 유의하시오.
  2) 손질하고 남은 양고기, 뼈, 토마토 페이스트, 적포도주 등을 사용하여 만드시오.

㉱ 양갈비, 안나 포테이토, 아스파라거스, 구운 마늘, 타임 소스, 타임을 함께 담아내시오.

## 지급재료

- 양갈비 250g(프렌치랙)
  (뼈 3개 붙어 있는 것)
- 양겨자 50g(디종머스터드 대체가능)
- 파슬리 5g
- 타임 5g(Fresh)
- 로즈마리 5g
- 마늘 5쪽
- 당근 1/2개
- 양파 1/2개
- 감자 1개
- 버터 60g
- 아스파라거스 2개(Green)
- 적포도주 50ml
- 올리브오일 50ml
- 전분 10g
- 꿀 10g
- 흰 후춧가루 5g
- 소금 10g
- 검은 통후추 5g
- 빵가루 40g
- 토마토 페이스트 30g
- 민트 젤리 10g(박하향 소스)

## 가. 양갈비구이(Roasted Rack of Lamb)

### 양갈비 손질

❶ 양갈비의 등쪽 부분에 본나이프를 이용해 지방 제거 및 칼집을 넣어준다.

❷ 양갈비 안쪽 부분의 막 제거와 앞쪽 중간에 작은 뼈를 제거해준다.

❸ 갈비뼈 사이에 칼집을 넣고 원하는 크기로 커팅 후 뼈 사이를 긁어 깨끗하게 손질해준다.(손질된 살과 뼈는 모아 물에 담가 핏기를 제거한다)

❹ 손질한 양갈비는 마리네이드(소금, 으깬 통후추, 로즈마리, 타임, 마늘, 오일)해서 랩에 싸준다.(p.41 참조)

### 양겨자크러스트

❶ 마늘 1개와 파슬리를 다져준다.

❷ 빵가루에 양겨자＋빵가루＋다진 마늘＋다진 파슬리＋버터를 넣어준 후 반죽해서 준비한다.

### 양갈비구이

❶ 팬에 오일과 버터를 넣은 후 양갈비를 갈색이 되게 구워준다.

❷ 겉면이 갈색이 되게 구워지면 허브와 버터를 이용해 베이스팅을 하여 내부온도를 45~50℃ 정도로 올린다.

❸ 꿀, 민트젤리, 양겨자(디종머스터드)를 섞어 익힌 양고기 윗면에 발라준다.

❹ 양겨자 크러스트를 양고기 윗면에 덮어주고 오븐(200℃)에서 내부온도 57℃에 맞춰 꺼내준다. 호일로 3~5분 정도 레스팅해준다.

❺ 레스팅된 양갈비는 요구사항에 맞게 3등분 커팅하여 접시에 올려준다.

> **POINT**
>
> • 양갈비는 최대한 깔끔하게 손질한다.
>
> • 양갈비의 내부온도를 잘 확인한 후 양겨자크러스트를 덮어준다.
>
> • 고기의 탬퍼
>
> | 레어 | 47℃ |
> |---|---|
> | 미디움레어 | 52℃ |
> | 미디움 | 57℃ |
> | 미디움웰던 | 62℃ |
> | 웰던 | 67℃ |
>
> • 양갈비는 꼭 3등분하여 제출한다.
>
> • 양갈비 크러스트를 팬에 볶아 디종 머스터드, 꿀, 민트 젤리를 발라 양갈비에 묻히는 방식도 있다.

# 나. 안나 포테이토(Anna Potato)

## 안나 포테이토

① 감자를 지름 3cm×두께 0.2cm 크기로 둥글게 슬라이스한다.

② 끓는 물에 데쳐 전분기를 제거한다.

③ 물기를 제거한 감자에 소금, 후추, 전분으로 간을 해준다.

④ 4cm 정도의 원형몰드 안쪽에 버터를 바른 후 감자를 회오리로 돌려가며 쌓는다.

⑤ 팬에 오일, 버터를 넣고 노릇하게 앞뒷면을 구워준다.

**POINT**

- 감자의 지름은 원형 3cm 몰드로 찍고 감자의 두께는 채칼을 이용해 편썰면 편하다.
- 감자의 모양을 유지시키는 데 주의하며 호일을 이용해 뒤집어서 빼준다.

# 다. 타임소스(Thyme Sauce)

## 재료 손질

① 양갈비 자투리와 뼈는 찬물에 담가 핏기를 제거한다.

② 당근, 양파는 채썰어 준비한다.

## 타임 소스

① 소스팬에 양갈빗살과 뼈를 굽거나 볶아준다.

② 당근과 양파를 갈색나게 볶아준다.

③ 윗재료에 토마토 페이스트를 넣고 신맛이 날아갈 때까지 볶아준다.

④ 중간에 적포도주를 넣고 신맛이 날아갈 때까지 뭉근히 조려준다.

⑤ 물과 타임을 넣고 뭉근히 끓여 농도가 형성될 때까지 조려준다.

⑥ 중간에 불순물을 제거한 뒤 체에 걸러준 후 소금, 후추, 버터몬테하여 완성한다.

**POINT**

- 토마토 페이스트는 약불로 줄여 타지 않도록 주의하고 신맛이 모두 날아가도록 볶아준다.
- 버터몬테는 불을 끈 후 버터를 넣어 분리되지 않도록 한다.

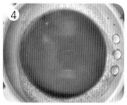

## 라. 양갈비, 안나 포테이토, 아스파라거스, 구운 마늘, 타임소스, 타임을 함께 담아내시오.

### 구운 마늘

❶ 끓는 물에 마늘 2개를 마늘 크기에 따라 4~5분가량 삶아준다.
❷ 마늘은 버터와 함께 호일에 싸서 오븐(180℃)에서 색을 내어 익혀준다.

### 아스파라거스

❶ 필러를 이용해 아스파라거스 섬유질을 제거한다.
❷ 끓는 물에 소금을 넣고 30초~1분가량 데쳐준다.
❸ 팬에 오일을 두른 후 살짝 볶아준 다음 소금, 후추, 버터로 마무리한다.

### 타임가니쉬

❶ 전분물을 만들어준다.
❷ 타임에 전분물을 입혀 튀겨준다.

   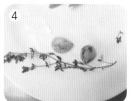

## 양갈비, 안나 포테이토, 아스파라거스, 구운 마늘, 타임소스, 타임을 함께 담아낸다.

Butter Monte(버터몬테)

수프나 소스의 부드러운 맛과 빛깔을 더하기 위해 버터를 넣어 섞어주는 것. 반드시 열에서 이탈하여 저어주어야 함

Caramelization(캐러멜라이징)

음식물에 포함된 각종 당성분을 높은 온도에서 갈변화시켜 깊은 풍미의 단맛을 끌어내는 것

Pan Searing(팬 시어링)

재료의 표면을 강한 불에 구워 표면을 갈색으로 만드는 것. 메일라드 반응과 캐러멜화 반응으로 풍미를 제공하기 위해 사용함

Reduction(리덕션)

액체가 졸여지는 결과물을 말함

Marinade(마리네이드)

고기나 생선을 재우기 위한 향신액체

Anna Potato(안나 포테이토)

감자를 지름 약 3cm, 두께 약 0.2cm 정도로 얇게 만들어 원형틀에 겹겹이 쌓아 오븐에 익히는 방식

**1**시간 **20**분

# 비가라드 소스를 곁들인 오리가슴살구이
## *Duck Breast with Bigarade Sauce*

**요구사항**

※ 위생과 안전에 유의하여 주어진 재료로 비가라드 소스를 곁들인 오리가슴살구이(Duck Breast with Bigarade Sauce)를 다음과 같이 만드시오.

㉮ 오리가슴살구이(Roasted Duck Breast)

1) 오리가슴살은 껍질부분에 솔방울 모양으로 칼집을 내어 팬프라잉하시오.

2) 팬프라잉한 오리가슴살은 꿀을 발라 오븐에 갈색으로 익혀 3쪽으로 썰어내시오.

3) 껍질은 바삭하게 하고 속은 미디움(Medium)으로 구우시오.

㉯ 로스티 감자(Rosti Potatoes)

1) 베이컨과 블랙올리브를 넣은 로스티감자를 연한 갈색으로 만드시오.

㉰ 비가라드 소스(Bigarade Sauce)

1) 오렌지 주스와 적포도주 등을 넣어 2/3 정도 졸여 농도에 유의하여 비가라드 소스를 만드시오.

㉱ 가니쉬(Garnish)

1) 브로콜리는 삶아 버터에 볶아 사용하시오.

2) 당근은 올리베트(Olivette) 모양으로 3개를 사용하시오.

3) 배 콘피(Pear Confit)는 샤토(Chateau) 모양으로 레드와인에 졸여 2개를 만드시오.

4) 오렌지 제스트와 오렌지 살, 타임을 이용하여 가니쉬하시오.

㉲ 3등분한 오리가슴살과 로스티 감자, 가니쉬를 담고 비가라드 소스를 뿌려 오렌지살과 오렌지 제스트, 타임으로 장식하여 내시오.

**지급재료**

- 오리가슴살 1개
  (150g, 껍질 있는 것)
- 꿀 20g
- 오렌지 2개
- 적포도주 200ml
- 월계수잎 2잎
- 감자 1개
- 베이컨 1개
- 블랙올리브 2개
- 브로콜리 30g
- 타임 5g(Fresh)
- 배 1/4개
- 레몬 1/2개
- 당근 1개

- 양파 1/4개
- 옥수수전분 20g
- 브라운스톡 100ml
  (데미글라스 소스 대체가능)
- 검은 통후추 5g
- 소금 20g
- 흰 후춧가루 5g
- 식용유 50ml
- 마늘 3쪽
- 버터 70g
- 흰 설탕 50g
- 식초 10ml

## 가. 오리가슴살구이(Roasted Duck Breast)

**오리가슴살 손질**

❶ 오리 껍질부분에 전체적으로 솔방울 모양으로 칼집을 내준다.

❷ 마리네이드(오일, 타임, 소금, 후추, 마늘)를 해준다.

**오리가슴살구이**

❶ 팬에서 약불로 가슴살 껍질 부분을 크리스피하게 익혀준다.
(중간중간 키친타월로 오리기름을 빼주며 익힌다.)

❷ 팬을 중약불로 키운 후 버터와 오일, 타임을 넣고 베이스팅해주며 전체적으로 익혀 내부온도 45~50℃를 맞춰준다.

❸ 오리 껍질부분에 꿀을 발라 오븐(180℃)에서 63℃를 맞춰 익힌다.

❹ 레스팅을 한 후 오리의 내부가 보이도록 3쪽으로 나누어 썰어낸다.

**POINT**

• 오리가슴살 껍질은 약불에서 오랜 시간을 천천히 익혀야 크리스피해진다.

• 껍질을 익힐 때 나오는 기름기를 계속하여 키친타월로 제거해주어야 오리 잡내를 제거할 수 있다.

• 버터 아로제를 계속해서 진행하여 버터향을 입혀준다.

• 내부온도에 주의하여 미디움(63~65℃)에 맞출 수 있도록 한다.

• 꼭 3쪽으로 나누어 제출한다.

## 나. 로스티 감자(Rosti Potatoes)

**재료 손질**

❶ 감자 껍질을 제거한 후 채칼로 채를 썬다.

❷ 베이컨은 채썰어주고 올리브와 타임을 다져준다.

❸ 감자를 살짝 데쳐 전분기를 제거하고 물기를 확실히 제거한다.

**POINT**

• 감자는 물에 담가 전분을 제거한 후 물기를 완벽히 제거해야만 바삭하게 만들 수 있다.

### 로스티 감자

1. 감자반죽(감자, 베이컨, 올리브, 허브, 전분, 소금, 백후추)을 만든다.
2. 몰드에 버터를 발라준 후 반죽을 넣는다.
3. 팬에 기름을 둘러 약불로 감자반죽을 브라운색과 원하는 모양으로 바삭하게 구워준다.

**POINT**

- 모양이 흐트러지지 않도록 주의하며 모든 면이 골고루 익을 수 있도록 구워준다.

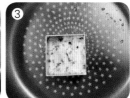

## 다. 비가라드 소스(Bigarade Sauce)

### 오렌지 손질

1. 그레이터를 이용하거나 칼을 이용하여 오렌지 껍질로 제스트를 만들어준다.
2. 오렌지 껍질을 완벽히 제거한 후 속살은 오렌지 세그먼트를 만들어준다.
3. 오렌지 세그먼트를 뺀 오렌지는 즙을 짜서 오렌지 주스를 준비한다.

### 비가라드 소스

1. 팬에 설탕을 뿌려 설탕을 캐러멜화시켜준다.
2. 달궈진 팬에 오렌지즙을 넣어 조려준다.
3. 레드와인을 넣어 알코올을 날린 후 2/3 정도 조려준다.
4. 데미글라스를 넣은 후 제스트와 타임, 월계수잎을 넣어 향을 입혀준다.
5. 체에 걸러준 후 버터몬테한다.
6. 오렌지 세그먼트를 넣어 완성한다.

**POINT**

- 2개의 오렌지로 제스트, 세그먼트, 오렌지즙을 만들어야 하는 것에 주의한다.
- 오렌지 세그먼트는 형태가 으스러지지 않도록 마지막에 넣고 조리할 때 유의한다.
- 가니쉬에 사용할 제스트를 남기는 것에 주의한다.
- 설탕의 캐러멜화 타이밍에 주의한다.

# 라. 가니쉬(Garnish)

### 브로콜리

❶ 브로콜리는 커팅 후 끓는 물에 80% 정도 익혀준다.

❷ 양파와 베이컨을 다져준다.

❸ 팬에 버터를 두른 후 베이컨, 양파를 볶다 브로콜리와 육수 or 물 50ml 정도 넣고 볶아준다.

### 당근 글레이징

❶ 당근을 올리베트 모양으로 3개 이상 만들어준다.

❷ 끓는 물에 4~5분가량 삶아준다.

❸ 팬에 버터 1/2T, 오렌지즙 1T, 물 50ml, 설탕 1/2T, 소금 소량을 넣은 후 당근을 글레이징시켜준다.

### 배 콘피

❶ 샤토 나이프를 이용해 배를 샤토 모양으로 만든다.

❷ 레몬주스, 레드와인 100ml, 설탕 1T을 섞은 뒤 배를 넣어 조려준다.

### 타임, 오렌지

❶ 타임은 전분물을 묻히고 오일에 튀겨준다.

❷ 오렌지 제스트와 오렌지 세그먼트를 가니쉬로 사용한다.

---

## 마. 3등분한 오리가슴살과 로스티 감자, 가니쉬를 담고 비가라드 소스를 뿌려 오렌지살과 오렌지 제스트, 타임으로 장식하여 내시오.

## 조리용어해설

Confit(콘피)

요리기법 중 하나로 시럽(설탕물)이나 기름에 식자재를 넣고 오랫동안 끓이거나 담가두는 방법으로 기름에서는 튀김과 달리 약 90℃의 온도에서 오랫동안 천천히 요리함

Segment(세그먼트)

과일의 껍질을 제거하여 알맹이만 있는 상태

Zest(제스트)

향이 있는 감귤류의 색이 있는 표피부분을 분리한 것으로 음식의 향을 더해줌

Basting(베이스팅)

고기를 구울 때 버터와 허브를 계속 위에 뿌리는 것

Resting(레스팅)

익힌 고기를 휴지시키는 과정

# 4 $\boxed{1\text{시간}\,20\text{분}}$

# 앤초비 버터를 곁들인 소안심구이
## *Beef Fillet Steak with a Anchovy Butter*

## 요구사항

※ 위생과 안전에 유의하여 주어진 재료로 앤초비 버터를 곁들인 소안심구이(Beef Fillet Steak with a Anchovy Butter)를 다음과 같이 만드시오.

㉮ 소안심구이(Beef Fillet Steak)
  1) 소고기 안심은 손질(마리네이드)하여 Medium으로 구우시오.
  2) 레드와인소스를 만들어 곁들이시오.
㉯ 앤초비 버터(Anchovy Butter)
  1) 앤초비, 허브, 채소, 버터를 이용하여 앤초비 버터를 만들어 스테이크에 올리시오.
㉰ 도피노와즈 포테이토(Dauphinoise Potato)
  1) 베샤멜소스를 만들어 사용하시오.
  2) 파르미지아노 레지아노 치즈를 뿌려 오븐에 구워내시오.
㉱ 곁들임 채소(Hot Vegetables)
  1) 당근은 글레이징(Glazing)하시오.
  2) 방울양배추, 아스파라거스를 조리하여 곁들이시오.

## 지급재료

- 소고기 160g
  (안심, 스테이크용)
- 케이퍼 15g
- 타라곤 5g
- 파슬리 5g
- 앤초비 10g
- 타임 5g
- 감자 1개
- 당근 1/2개
- 방울양배추 2개
- 아스파라거스 1개(Green)
- 레드와인 200ml
- 데미글라스 소스 50ml
- 우유 150ml
- 버터 100g(무염)
- 샬롯 1개
- 마늘 3쪽
- 파르미지아노 레지아노치즈
  20g(덩어리)

- 밀가루 10g(중력분)
- 흰 설탕 30g
- 올리브오일 30ml
- 양파 1/2개
- 셀러리 50g
- 검은 통후추 10g
- 소금 15g

# 가. 소안심구이(Beef Fillet Steak)

## 소고기 손질

❶ 소안심은 손질한 뒤 명주실을 이용하여 소안심의 모양을 둥글게 잡아 준다.

❷ 모양이 잡힌 소안심은 마리네이드(소금, 흑후추, 타임, 마늘, 오일)를 해 준다.(p.40 참조)

## 소안심구이

❶ 팬에 오일을 두르고 소안심 앞뒷면이 갈색이 나도록(시어링) 해준다.

❷ 갈색이 난 소안심에 버터와 허브를 넣고 베이스팅한 후 내부온도 40~45℃ 정도로 구워준다.

❸ 시어링된 소안심은 오븐(180℃)에 넣어 내부온도 55~56℃를 맞추어 꺼내준다.

❹ 익힌 소안심은 호일을 씌워 3~5분간 레스팅시킨다.(미디움 내부온도 57~60℃)

## 레드와인소스

❶ 양파, 당근, 셀러리(미르포아)는 채썰어 준비한다.

❷ 미르포아와 손질된 자투리 고기를 갈색이 되게 볶아준다.

❸ 갈색이 된 채소와 고기에 레드와인을 넣은 후 알코올이 모두 날아갈 때까지 조려준다.

❹ ③에 데미글라스와 향신료 줄기, 물 1컵을 넣은 후 끓여준다.

❺ 농도가 나오기 시작하면 체에 걸러준 후 버터몬테하여 완성한다.

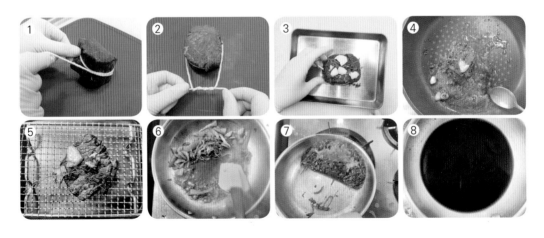

# 나. 앤초비 버터(Anchovy Butter)

## 재료 손질

❶ 버터를 50g 정도 중탕하여 녹여준다.

❷ 마늘, 샬롯, 양파, 타라곤, 케이퍼를 다져서 준비해준다.

❸ 앤초비를 곱게 다져준다.

## 앤초비 버터

❶ 중탕된 버터와 다진 재료(마늘, 샬롯, 양파, 타라곤, 케이퍼)를 섞어준다.

❷ 비닐을 깐 시트팬에 비닐을 깔고 ①번 재료를 넓게 편 후 냉동실에 굳혀준다.

❸ 원형몰드를 안심크기에 맞게 찍은 후 뜨거운 소안심 위에 올려준다.

   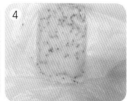

# 다. 도피노와즈 포테이토(Dauphinoise Potato)

## 베샤멜 소스

❶ 양파와 샬롯을 다져준다.

❷ 팬에 버터 1T를 두르고 다진 양파와 샬롯을 볶아준다.

❸ 중간에 밀가루 1T를 넣고 화이트 루가 되도록 뭉근히 볶아준다.

❹ 우유를 2~3번에 나누어 화이트 루가 풀어지도록 한다.

❺ 소금, 후추 간을 한 후 농도가 형성되면 체에 걸러준다.

❻ 마지막에 버터를 넣어 잔열에 버터가 녹을 수 있도록 버터몬테해준다.

## 도피노와즈 포테이토

❶ 감자는 얇게 편썰어 찬물에 담가둔 뒤 만든 베샤멜 소스에 익혀준다.

❷ 버터코팅을 입힌 사각몰드 안에 베샤멜 소스로 익힌 감자와 치즈를 겹겹이 쌓아 만들어 치즈와 크림이 잘 어우러지도록 한다.

❸ 오븐(180℃)에서 색이 나도록 구워준다.

## 라. 곁들임 채소(Hot Vegetables)

당근 글레이징

❶ 당근을 올리베트 모양으로 깎아준다.

❷ 끓는 소금물에 넣고 4~5분 정도 익혀준다.

❸ 팬에 버터 1/2T, 설탕 1/2T, 물 50ml, 소금 소량을 넣은 후 조려준다.

아스파라거스, 방울양배추

❶ 아스파라거스는 필러를 이용하여 섬유질을 제거한다.

❷ 아스파라거스는 원하는 모양으로 2조각으로 커팅한다.

❸ 끓는 소금물에 아스파라거스, 방울양배추를 데쳐준다.

❹ 팬에 오일, 버터를 두르고 데친 아스파라거스, 방울양배추를 넣고 살짝 볶아준 후 소금, 후추 간을 해준다.

  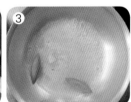 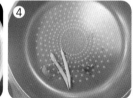

## 만든 소스와 가니쉬를 이용하여 소안심구이와 함께 곁들여 낸다.

 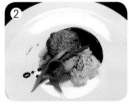 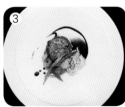 

Dauphinoise Potato(도피노와즈 포테이토)

감자 그라탱으로 감자를 얇게 썰고 크림과 치즈를 겹겹이 쌓아 만들어 치즈와 크림이 잘 어우러지도록 만든 것

Mirepoix(미르포아)

양파, 당근, 셀러리를 잘게 썰어 혼합한 것. 보통 양파 : 당근 : 셀러리 = 2 : 1 : 1 비율로 만듦

Pan Frying(팬 프라이)

프라이팬에 적은 양의 기름을 두르고 지지는 것으로 170~200℃의 온도로 조리함

Silver Skin(실버스킨)

안심 같은 특정 부위의 고기에서 보이는 얇고 흰색인 막. 매우 질기며 조리 시 수축하기 때문에 제거해줌

Glazing(글레이징)

음식의 표면을 윤기나게 코팅시키는 것

Bechamel Sauce(베샤멜소스)

주재료는 우유와 흰색 루로 만들어지며, 주로 닭요리, 생선, 채소 등에 다양하게 사용함

Marinade(마리네이드)

고기나 생선을 재우기 위한 향신액체

Resting(레스팅)

육류를 익힌 뒤 몇 분간 유지시켜 고기 중앙에 몰린 피를 고르게 분산시키는 것

Pan Searing(팬 시어링)

재료의 표면을 강한 불에 구워 갈색으로 만드는 것. 메일라드 반응과 캐러멜화 반응으로 풍미를 제공하기 위해 사용함

Butter Monte(버터몬테)

수프나 소스의 부드러운 맛과 빛깔을 더하기 위해 버터를 넣어 섞어주는 것. 반드시 열에서 이탈하여 저어야 함

# 5  1시간 30분

# 타임 벨루테 소스를 곁들인
# 기름에 저온 조리한 적도미
*Oil Poached Red Snapper with Thyme Veloute*

### 요구사항

※ 위생과 안전에 유의하여 주어진 재료로 타임 벨루테 소스를 곁들인 기름에 저온 조리한 적도미(Oil Poached Red Snapper with Thyme Veloute)를 다음과 같이 만드시오.

㉮ 기름에 저온 조리한 적도미(Oil Poached Red Snapper)

　　1) 적도미를 손질하여, 80g 정도의 Fillet으로 2쪽을 사용하시오.

　　2) 타임향이 우러나도록 기름에 타임을 넣어 사용하시오.

　　3) 적도미는 기름에 저온 조리하여 부드러운 질감이 나도록 하시오.

㉯ 타임향의 벨루테 소스(Thyme Veloute Sauce)

　　1) 적도미를 손질하고 남은 살과 뼈로 생선 스톡(Fish Stock)을 만들어 사용하시오.

　　2) 화이트 루(White Roux)와 생선스톡으로 소스를 만들고 타임은 Chop해서 소스에 넣으시오.

㉰ 더운 채소(Hot Vegetables)

　　1) 브로콜리는 데친 후 버터 물에 조리하시오.

　　2) 샬롯, 가지, 호박, 붉은 파프리카, 토마토, 케이퍼를 이용하여 라따뚜이(Ratatouille)를 만드시오.

㉱ 퐁당 감자(Fondant Potato)

　　1) 작은 보일드 감자(Boiled Potato) 모양으로 2개를 다듬어 버터의 향을 살려 오븐에서 조리하시오.

㉲ 접시에 적도미, 감자, 더운 채소를 놓고 타임 벨루테 소스를 곁들이시오.

---

### 지급재료

- 감자 1개
- 버터 100g(무염)
- 브로콜리 50g
- 휘핑크림 200ml
- 적도미 1마리
  (500~600g 정도)
- 양파 1/2개
- 셀러리 30g
- 토마토 1개
- 케이퍼 20g
- 대파 1토막
  (흰 부분 4cm 정도)
- 파슬리 5g
- 타임 5g(Fresh)
- 밀가루 20g(중력분)
- 식용유 500ml
- 샬롯 1개
- 빨간 파프리카 1/4개
- 가지 1/2개
- 애호박 50g
- 흰 후춧가루 5g
- 월계수잎 1개(Dry)
- 검은 통후추 5g
- 소금 10g

## 가. 기름에 저온 조리한 적도미(Oil Poached Red Snapper)

### 적도미 손질

❶ 가위를 이용해 적도미의 지느러미와 비늘을 모두 제거해준다.

❷ 머리를 자르고 내장을 제거한다.

❸ 물기를 닦아준 후 3장 뜨기한다.

❹ 3장 뜨기한 생선살은 껍질을 벗겨준다.

❺ 뼈는 깨끗이 손질한 후 찬물에 담가 핏물을 빼준다.

❻ 손질된 생선살은 물기 제거 후 10cm 정도 크기(80g)로 재단한다.

❼ 생선살은 마리네이드(소금, 후추)해준다.(p.31 참조)

### 기름에 저온 조리한 적도미

❶ 팬에 기름을 필렛이 잠길 수 있도록 기름을 채운 후 타임을 넣는다.

❷ 오븐을 사용하거나 냄비를 이용하여 기름온도 57~60℃로 15분 동안 도미를 천천히 부드럽게 익혀준다.

**POINT**

- 적도미를 손질할 때 물기를 제거해준다.
- 요구사항에 맞게 생선살 크기와 분량(80g)에 유의한다.
- 냄비나 호텔팬을 이용하여 도미가 완전히 잠길 만큼 기름을 넣어주고 저온조리 해준다.
- 도미의 오버쿠킹에 유의하며 팬 시어링을 해준다.

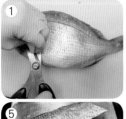   

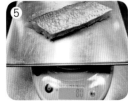   

## 나. 타임 향의 벨루테 소스(Thyme Veloute Sauce)

### 생선스톡

❶ 손질하고 남은 뼈를 잘라 깨끗이 씻어 찬물에 담가둔다.

❷ 양파, 셀러리를 볶아준다.

❸ 찬물 3C에 양파, 셀러리, 생선뼈와 생선살, 월계수잎을 넣고 끓인다.

❹ 중간에 불순물 및 거품을 제거한 후 면보에 걸러 맑은 스톡을 만든다.

**POINT**

- 스톡이나 소스를 끓일 때 불순물 및 거품을 제거해야 맑은 육수를 만들 수 있다.

**벨루테 소스**

① 양파와 대파를 다져준다.
② 냄비에 버터 1T를 넣고 다진 양파, 대파를 넣고 투명하게 볶아준다.
③ 위 ②번에 밀가루 1T를 넣고 화이트 루를 만들어준다.
④ 위 ③번에 생선스톡을 2~3번 나누어 넣고 루를 풀어준다.
⑤ 불순물이나 거품을 제거하고 농도가 형성되기 시작하면 체에 걸러준다.
⑥ 체에 거른 소스에 생크림, 다진 타임, 소금, 후추 간을 한다.
⑦ 농도가 형성된 소스는 불을 끄고 버터몬테하여 소스를 완성한다.

**POINT**

• 루를 넣을 때는 육수를 2~3번에 걸쳐 풀어주어야 뭉치지 않고 잘 풀어진다.

# 다. 더운 채소(Hot Vegetables)

**브로콜리**

① 브로콜리는 커팅하여 소금물에 데쳐준다.
② 양파는 다져준다.
③ 팬에 버터를 둘러 다진 양파와 브로콜리를 넣고 볶아준다.
④ 육수 or 물을 50ml 정도 넣어 소금, 후추 간을 하여 조려 완성한다.

**라따뚜이**

① 샬롯, 붉은 파프리카, 케이퍼를 스몰다이스해준다.
② 가지와 애호박은 돌려깎기한 후 스몰다이스(0.5×0.5×0.5cm)해준다.
③ 토마토는 껍질과 씨를 제거(콩카세)한 후 스몰다이스해준다.
④ 팬에 오일을 둘러준 후 토마토를 제외한 채소들을 넣고 함께 볶아준다.
⑤ 어느 정도 볶아지면 다이스한 토마토와 다진 토마토 속살을 넣고 볶아준다.
⑥ 마지막에 소금, 후추 간을 하여 라따뚜이를 완성한다.

**POINT**

• 브로콜리가 제대로 익지 않거나 오버쿡되지 않도 유의한다.

• 토마토는 씨를 제대로 제거한 후 속살을 다지고 겉은 다이스로 썰어 전량을 사용한다.

• 라따뚜이는 너무 익혀서 채소가 무르지 않도록 유의한다.

## 라. 퐁당 감자(Fondant Potato)

퐁당 감자

❶ 감자는 껍질 제거 후 원형기둥 모양으로 만든 다음 찬물에 담가놓는다.

❷ 감자는 물기를 제거한 후 팬에 버터와 타임을 둘러 감자의 색을 내준다.

❸ 볼에 감자를 넣고 생선스톡과 버터, 타임, 소금, 후추를 넣고 오븐(180℃)에 굽는다.

❹ 이쑤시개로 찔러 감자가 제대로 익었는지 확인하여 완성한다.

POINT

• 감자의 겉면에 색이 나올 수 있도록 팬에 색을 낸 후 육수와 버터, 타임을 넣고 오븐에 구울 시 알맞게 익도록 유의한다.

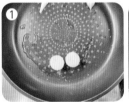 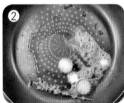  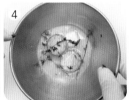

## 마. 접시에 적도미, 감자, 더운 채소를 놓고 타임 벨루테 소스를 곁들이시오.

## 조리용어해설

Fillet(필렛)

프랑스 조리용어로 고기나 생선의 뼈 없는 조각

Fondant Potato(퐁당 포테이토)

감자의 모양을 샤토보다는 약간 크고 굵게 만들어 볼에 버터와 스톡, 허브를 넣고 오븐에 익혀서 사용하는 감자요리

Ratatouille(라따뚜이)

가지, 호박, 피망, 토마토 등에 허브와 올리브오일을 넣고 뭉근히 끓여 만든 채소 스튜

Marinade(마리네이드)

고기나 생선을 재우기 위한 향신액체

Veloute Sauce(벨루테 소스)

주재료는 생선스톡, 닭육수, 송아지 육수 등으로 만드는 소스로 주로 생선이나 닭요리에 사용함

# 3

# 양식조리기능사

*Craftsman Cook, Western Food*

# 쉬림프 카나페
*Shrimp Canape*

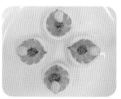
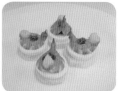

### 요구사항

※ **주어진 재료를 사용하여 다음과 같이 쉬림프 카나페를 만드시오.**

㉮ 새우는 내장을 제거한 후 미르포아(Mirepoix)를 넣고 삶아서 껍질을 제거하시오.

㉯ 달걀은 완숙으로 삶아 사용하시오.

㉰ 식빵은 지름 4cm의 원형으로 하고, 쉬림프 카나페는 4개 제출하시오.

### 지급재료

- 새우 4마리(30~40g)
- 식빵 1조각(샌드위치용)
- 달걀 1개
- 파슬리 1줄기(잎, 줄기 포함)
- 당근 15g(둥근 모양이 유지되게 등분)
- 셀러리 15g
- 양파 1/8개(중 150g)
- 레몬 1/8개(길이(장축)로 등분)
- 버터 30g(무염)
- 토마토케첩 10g
- 소금 2g
- 흰 후춧가루 2g
- 이쑤시개 1개

## 만드는 법

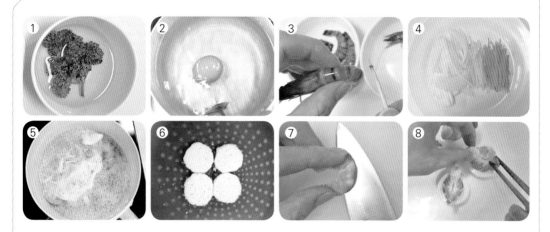

### 조리순서

재료 세척 후 분리 – 달걀 삶기(12~15분) – 새우 손질(내장 제거) – 미르포아(양파, 당근, 샐러드) 만들기 – 쿠르부용 육수에 새우 삶기 – 식빵 손질 후 굽기 – 달걀 커팅 – 새우 모양잡기 – 완성하기

### 조리법

❶ 재료 세척 후 분리하고 파슬리는 찬물에 담가놓는다.

❷ 찬물에 소금을 넣고 달걀을 넣어 12~15분가량 삶아 찬물에 식힌다.
(달걀을 기포가 조금 올라올 때까지 굴려주어 노른자 가운데로 오도록 한다.)

❸ 새우는 이쑤시개를 이용해 내장을 제거한다.

❹ 양파, 당근, 셀러리는 채썰어 미르포아를 만들어준다.

❺ 물, 미르포아, 레몬, 파슬리줄기를 넣고 끓여 쿠르부용을 만든 후 새우를 삶아 체에 받쳐 식힌다.

❻ 식빵을 지름 4cm 정도의 원형으로 재단한 후 팬에 버터를 둘러 구워준다.

❼ 달걀은 0.5cm 두께로 썰어 소금, 흰 후추를 뿌려준다.

❽ 새우는 껍질과 머리 제거 후 등쪽에 칼집을 주어 모양을 잡는다.

❾ 식빵 – 달걀 – 새우 – 케첩 – 파슬리잎 순으로 접시에 올려 카나페 4개를 완성한다.

### POINT

• 냉장보관된 달걀은 껍질이 잘 까지도록 미온수에 담가 삶는다.

• 달걀을 삶을 때 노른자가 중앙에 오도록 5분 정도 굴려가며 삶는다.

• 쿠르부용(미르포아 등을 넣고 끓인 육수)을 끓여 새우를 삶고 붉은색을 띠면 건져내 절대 (찬)물에 헹구어 식히지 않는다.(감점 대상)

### 감독관 시선 포인트

• 달걀을 터지지 않게 완숙으로 잘 삶아내었는가?

• 달걀을 일정한 두께로 썰었는가?

• 새우는 내장 제거 후 쿠르부용에 알맞게 삶아냈는가?

• 식빵은 사이즈에 맞춰 재단 후 적당히 잘 구웠는가?

# 스페니쉬 오믈렛

## *Spanish Omelet*

### 요구사항

※ 주어진 재료를 사용하여 다음과 같이 스페니쉬 오믈렛을 만드시오.

㉮ 토마토, 양파, 청피망, 양송이, 베이컨 0.5cm의 크기로 썰어 오믈렛 소를 만드시오.

㉯ 소가 흘러나오지 않도록 하시오.

㉰ 소를 넣어 나무젓가락과 팬을 이용하여 타원형으로 만드시오.

### 지급재료

- 토마토 1/4개(중 150g)
- 양파 1/6개(중 150g)
- 청피망 1/6개(중 75g)
- 양송이 10g
- 베이컨 1/2조각
  (길이 25~30cm)
- 달걀 3개

- 토마토케첩 20g
- 검은 후춧가루 2g
- 소금 2g
- 식용유 20ml
- 버터 20g(무염)
- 생크림 20ml(조리용)

## 만드는 법

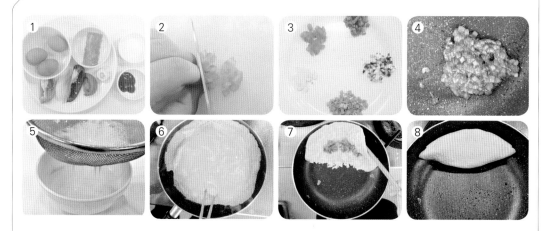

조리순서

재료 세척 및 분리 – 토마토 0.5cm 콩카세 – 모든 재료 0.5cm 썰기 – 속재료 볶기 – 달걀물 만들어 체 거르기 – 스크램블 만들기 – 채소토핑 중앙에 넣기 – 오믈렛 만들기 – 완성하기

조리법

❶ 재료를 세척 후 분리한다.

❷ 끓는 물에 토마토를 데친 후 찬물에 식혀 껍질과 씨를 제거하고 0.5cm 주사위 모양으로 썰어준다.

❸ 양송이, 청피망(속씨 제거), 양파, 베이컨을 0.5cm 주사위모양으로 자른다.

❹ 팬에 버터로 베이컨을 볶고 채소를 볶아 흑후추, 소금, 케첩을 넣고 소를 만든다.

❺ 달걀을 풀어 생크림, 소금, 후추를 넣은 후 젓가락으로 충분히 저어 체에 거른다.

❻ 팬을 충분히 달궈 식용유로 코팅 후 넣고 달걀을 젓가락으로 저어 스크램블 상태로 만든다.

❼ 낮은 온도에서 팬을 두드려 달걀과 팬이 분리되도록 한 후 중앙에 볶은 토핑를 넣고 팬을 두드려 타원 형으로 만든다.

❽ 젓가락을 이용하여 모양을 잡아준 뒤 버터를 넣어 윤기를 준 후 접시에 담아낸다.

### POINT

• 채소를 볶을 때 수분을 날려 되직하게 하고 소 량의 케첩이 타지 않도록 불을 조절하여 볶는다.

• 스크램블을 하기 전 팬의 온도는 달걀꽃이 필 때 까지 올려준다.

• 스크램블 정중앙에 소스를 넣을 때는 적당히 넣어 모양을 예쁘게 하고 낮은 온도에서 천천히 돌려가 며 오믈렛을 익혀준다.

### 감독관 시선 포인트

• 채소의 크기는 일정한가?

• 오믈렛 모양은 젓가락을 사용하여 만들었는가?

• 속재료가 알맞게 들어갔는가?

# 치즈 오믈렛
## *Cheese Omelet*

**요구사항**

※ 주어진 재료를 사용하여 다음과 같이 치즈 오믈렛을 만드시오.

㉮ 치즈는 사방 0.5cm로 자르시오.

㉯ 치즈가 들어가 있는 것을 알 수 있도록 하고, 익지 않은 달걀이 흐르지 않도록 만드시오.

㉰ 나무젓가락과 팬을 이용하여 타원형으로 만드시오.

**지급재료**

- 달걀 3개
- 치즈 1장(가로, 세로 8cm)
- 버터 30g(무염)
- 식용유 20ml
- 생크림 20ml(조리용)
- 소금 2g

## 만드는 법

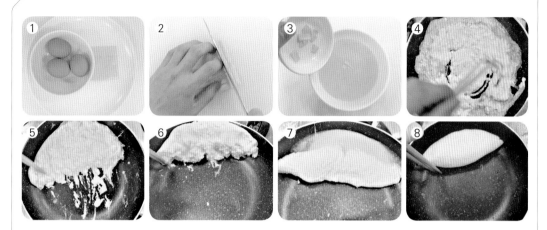

조리순서

재료 세척 및 분리 – 치즈 자르기 – 달걀물 만들기 – 스크램블 만들기 – 치즈 넣기 – 오믈렛 만들기 – 달걀물로 모양 잡기 – 완성하기

조리법

❶ 재료를 세척 후 분리한다.

❷ 치즈는 윗비닐만 벗기고 사방 0.5cm 크기로 썰어 준비한다.

❸ 달걀 3개와 생크림, 소금을 넣고 충분히 저어준 뒤 체에 걸러주고 치즈 1/2 정도 양을 넣어준다.

❹ 오믈렛 팬을 달궈 식용유를 코팅한 후(달걀물을 조금 남겨) 달걀을 스크램블 상태로 만들어준다.

❺ 약불로 줄여준 후 스크램블을 한쪽으로 밀어 남은 치즈 1/2을 중앙에 넣어준다.

❻ 젓가락으로 팬을 두드려 럭비공 모양을 만들어준다.

❼ 남긴 달걀물을 이용해 부족한 모양을 잡아준다.

❽ 완성된 오믈렛을 버터로 코팅시킨 후 접시에 올려 완성한다.

**POINT**

• 스크램블을 하기 전 팬의 온도는 달걀꽃이 필 때까지 올려준다.

• 스크램블을 만든 후 말아줄 때 불의 온도는 낮추고 서서히 럭비공 모양으로 말아준다.

• 럭비공 모양을 만들 때 달걀이 익기 전에 낮은 온도에서 모양을 잡고 속까지 익을 수 있도록 젓가락으로 두드려 모양을 잡는다.

**감독관 시선 포인트**

• 오믈렛이 색이 나지는 않았는가?

• 오믈렛 모양은 젓가락을 이용하여 만들었는가?

• 속이 잘 익었는가?

# 월도프 샐러드
## *Waldorf Salad*

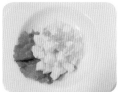

### 요구사항

※ 주어진 재료를 사용하여 다음과 같이 월도프 샐러드를 만드시오.

㉮ 사과, 셀러리, 호두알을 1cm의 크기로 써시오.

㉯ 사과의 껍질을 벗겨 변색되지 않게 하고, 호두알의 속껍질을 벗겨 사용하시오.

㉰ 상추 위에 월도프 샐러드를 담아내시오.

### 지급재료

- 사과 1개(200~250g)
- 셀러리 30g
- 호두 2개(껍질 제거한 것)
- 레몬 1/4개
  (길이(장축)로 등분)
- 소금 2g
- 흰 후춧가루 1g
- 마요네즈 60g
- 양상추 20g
  (2잎 양상추로 대체가능)
- 이쑤시개 1개

## 만드는 법

### 조리순서

재료 세척 후 분리 – 호두 불리기 – 사과 커팅 – 사과 갈변 방지 – 셀러리, 호두 커팅 – 버무리기 – 올려 담기 – 완성

### 조리법

❶ 재료는 세척 후 분리하고 양상추는 찬물에 살려놓는다.

❷ 호두는 뜨거운 물로 불려놓는다.

❸ 사과는 껍질을 깎아 사방 1cm 크기로 썰어준다.

❹ 커팅한 사과는 물과 레몬을 자작하게 하여 버무리거나 담근다.

❺ 셀러리는 섬유질을 제거하고 1cm로 재단한다.

❻ 호두는 이쑤시개로 껍질을 제거한 후 1cm 크기로 썰고 호두의 나머지는 다져준다.

❼ 사과의 물기를 완전히 제거한 후 소금, 흰 후추, 레몬즙, 마요네즈 1~2T와 셀러리, 호두를 넣고 버무려 놓는다.

❽ 그릇에 양상추를 보기 좋게 깔고 사과를 올린 후 셀러리와 호두를 보이도록 올려준다.

❾ 샐러드 위에 다진 호두가루를 뿌려 완성한다.

**POINT**

• 호두는 뜨거운 물에 불려야 껍질을 쉽게 제거할 수 있다.

• 사과는 갈변방지를 위해 물과 레몬을 사용한다.

• 사과의 물기가 제거되어야 마요네즈가 잘 버무려진다.

**감독관 시선 포인트**

• 양상추는 물에 담가놓았는가?

• 호두는 뜨거운 물에 불려 껍질을 제거하였는가?

• 사과는 사방을 요구사항에 맞게 재단하였는가?

• 사과는 갈변방지를 하였는가?

• 사과는 물기 없이 잘 버무려 담았는가?

# 포테이토 샐러드
## *Potato Salad*

## 요구사항

※ **주어진 재료를 사용하여 다음과 같이 포테이토 샐러드를 만드시오.**

㉮ 감자는 껍질을 벗긴 후 1cm의 정육면체로 썰어서 삶으시오.

㉯ 양파는 곱게 다져 매운맛을 제거하시오.

㉰ 파슬리는 다져서 사용하시오.

## 지급재료

- 감자 1개(150g)
- 양파 1/6개(150g)
- 파슬리 1줄기(잎, 줄기 포함)
- 소금 5g
- 흰 후춧가루 1g
- 마요네즈 50g

## 만드는 법

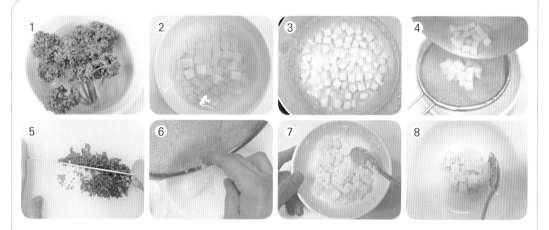

### 조리순서

재료 손질 – 감자 재단 – 감자 삶기 – 감자 식히기 – 파슬리가루 만들기 – 양파 매운맛 빼기 – 버무리기 – 완성하기

### 조리법

① 재료를 세척 후 분리하고 파슬리는 찬물에 담가놓는다.

② 감자는 사방 1cm로 잘라 찬물에 담가 갈변을 방지한다.

③ 재단된 감자는 끓는 물에 소금을 넣고 4분 정도 익힌 뒤 체에 받쳐 식힌다.

④ 파슬리는 다진 후 면보에 싸서 물에 헹궈 짜주어 쓴맛을 제거한다.

⑤ 양파는 곱게 다진 후 소금물에 담근다.

⑥ 소금물에 담가 매운맛이 제거된 양파는 체에 걸러 면보에 싸서 물기를 제거한다.

⑦ 볼에 양파, 마요네즈, 소금, 흰 후추, 파슬리가루(소량)를 넣고 섞은 다음 감자가 부서지지 않도록 살살 버무린다.

⑧ 그릇에 보기 좋게 담은 후 파슬리가루를 뿌려 완성한다.

---

### POINT

- 감자는 찬물에 담가 갈변을 방지한다.
- 삶은 감자는 반드시 뜨거운 상태에서 체에 받쳐 식힌다.
- 양파는 소금물에 살짝 절여 매운맛을 제거한다.
- 감자는 완전히 식은 상태에서 적당한 마요네즈 양을 조절해서 넣어야 분리되지 않는다.

### 감독관 시선 포인트

- 감자는 사이즈에 맞게 썰었는가?
- 감자는 갈변방지를 하였는가?
- 감자는 알맞게 삶고 뜨거운 상태에서 식혔는가?
- 양파의 매운맛은 제거하였는가?
- 마요네즈 양을 적당하게 버무렸는가?

# BLT샌드위치

## *Bacon, Lettuce, Tomato Sandwich*

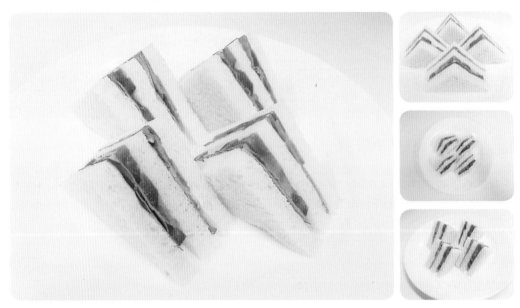

### 요구사항

※ **주어진 재료를 사용하여 다음과 같이 BLT샌드위치를 만드시오.**

㉮ 빵은 구워서 사용하시오.

㉯ 토마토는 0.5cm 두께로 썰고, 베이컨은 구워서 사용하시오.

㉰ 완성품은 4조각으로 썰어 전량을 제출하시오.

### 지급재료

- 식빵 3조각(샌드위치용)
- 양상추 20g
  (2잎, 잎상추로 대체가능)
- 토마토 1/2개(중 150g)
  (둥근 모양이 되도록 잘라서
  지급)
- 베이컨 2조각
  (길이 25~30cm)
- 마요네즈 30g
- 소금 3g
- 검은 후춧가루 1g

## 만드는 법

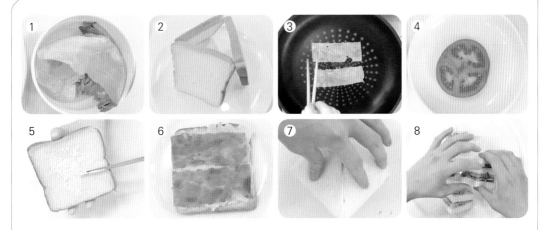

### 조리순서

재료 손질 후 분리 – 식빵 굽기 – 베이컨 굽기 – 토마토 커팅(소금, 후추) – 식빵, 양상추 손질 – 샌드위치 만들기 – 샌드위치 커팅 – 완성하기

### 조리법

❶ 재료 세척 후 분리하고 양상추는 물에 담가준다.

❷ 식빵은 색이 나지 않도록 바삭하게 구운 뒤 식혀준다.

❸ 베이컨을 팬에 굽고 키친타월을 이용해 기름기를 제거한다.

❹ 토마토는 링모양으로 0.5cm 두께로 썰어준 후 소금, 후추 간한다.

❺ 양상추는 키친타월을 깔고 눌러 물기를 제거해주며 평평하게 한다.

❻ 식빵의 마요네즈를 2개는 단면, 1개는 양면에 발라준다.

❼ 식빵 – 양상추 – 토마토 – 식빵(양면에 마요네즈를 바른 것) – 양상추 – 베이컨 – 식빵 순으로 샌드위치를 만든다.

❽ 샌드위치는 테두리를 자르고 ×자로 톱질하듯 썰어 4등분한다.

❾ 단면이 보이도록 보기 좋게 담아내어 완성한다.

**POINT**

- 식빵은 낮은 온도에서 색이 너무 나지 않도록 굽고 습기가 차지 않도록 삼각대모양으로 세워 식힌다.
- 구운 베이컨은 키친타월로 기름을 제거한다.
- 샌드위치는 접시로 살짝 눌러 분리되지 않도록 한다.
- 칼이 안 들 때 불에 달구어 사용하면 단면이 깔끔하게 절단된다.

**감독관 시선 포인트**

- 토마토는 0.5cm 링 모양으로 썰어 소금, 후추로 간을 하여 사용하였는가?
- 베이컨은 팬에 구워 기름기를 제거하였는가?
- 식빵은 알맞은 색으로 구웠는가?
- 샌드위치는 끝면을 매끄럽게 잘라서 담았는가?

# 햄버거 샌드위치

## *Hamburger Sandwich*

### 요구사항

※ 주어진 재료를 사용하여 다음과 같이 햄버거 샌드위치를 만드시오.

㉮ 빵은 버터를 발라 구워서 사용하시오.

㉯ 고기는 미디움웰던(Medium-welldon)으로 굽고, 구워진 고기의 두께는 1cm로 하시오.

㉰ 토마토, 양파는 0.5cm 두께로 썰고 양상추는 빵크기에 맞추시오.

㉱ 샌드위치는 반으로 잘라 내시오.

### 지급재료

- 소고기 100g(살코기, 방심)
- 양파 1개(중 150g)
- 빵가루 30g(마른 것)
- 셀러리 30g
- 소금 3g
- 검은 후춧가루 1g
- 양상추 20g
- 토마토 1/2개(중 150g)
- 버터 15g(무염)
- 햄버거빵 1개
- 식용유 20ml
- 달걀 1개

## 만드는 법

### 조리순서

재료 세척 후 분리 – 양파, 토마토 커팅(소금, 후추) – 빵 굽기 – 패티 재료 볶기 – 패티 성형하기 – 패티 굽기 – 햄버거 만들기 – 커팅하기 – 완성하기

### 조리법

❶ 재료는 세척 후 분리하고 양상추는 찬물에 담가놓는다.

❷ 소고기는 키친타월로 감싸 핏물을 제거한다.

❸ 양파와 토마토는 0.5cm로 잘라 소금, 후추를 뿌려 간을 한다.

❹ 빵은 반으로 갈라 팬에 색이 나지 않도록 굽는다.

❺ 셀러리(섬유질 제거)와 양파는 곱게 다져 볶아준다.

❻ 소고기는 곱게 다져 양파, 셀러리, 소금, 흑후추, 달걀노른자 1T, 빵가루 1~2T를 넣어 충분히 치댄 후 두께 0.8cm 정도로 패티모양을 만든다.

❼ 팬에 식용유를 두르고 패티가 타지 않도록 불을 조절하며 속까지 익혀준다.

❽ 양상추는 물기를 제거한 후 평평하게 눌러 빵크기에 맞춰 잘라준다.

❾ 빵 – 양상추 – 패티 – 양파 – 토마토 순으로 올려 햄버거를 만든다.

❿ 빵을 톱질하듯 반으로 잘라 단면이 보이도록 담아 완성한다.

---

**POINT**

- 햄버거 패티를 만들 때 채소의 수분을 충분히 날려준 후 소고기와 치댈 때 입자가 보이지 않을 만큼 치대야 접착력이 생겨 갈라지지 않는다.
- 구울 때 처음부터 높지 않은 열에서 구워야 하며 기름을 넉넉히 사용해야 타지 않고 속까지 잘 익는다.

**감독관 시선 포인트**

- 패티는 고기를 곱게 다져 알맞은 크기로 만들어 속까지 완전히 익혔는가?
- 양파와 토마토는 링 모양으로 잘라서 소금, 후추로 간을 하였는가?
- 빵은 색이 나지 않게 알맞게 구웠는가?
- 완성된 햄버거 샌드위치를 잘라서 겹겹이 벌어지지 않게 담아냈는가?

# 브라운스톡
## *Brown Stock*

### 요구사항

※ **주어진 재료를 사용하여 다음과 같이 브라운스톡을 만드시오.**

㉮ 스톡은 맑고 갈색이 되도록 하시오.

㉯ 소뼈는 찬물에 담가 핏물을 제거한 후 구워서 사용하시오.

㉰ 향신료로 사세 데피스를 만들어 사용하시오.

㉱ 완성된 스톡의 양이 200ml 이상이 되도록 하여 볼에 담아내시오.

### 지급재료

- 소뼈 150g
- 양파 1/2개
- 당근 40g
- 셀러리 30g
- 검은 통후추 4개
- 토마토 1개
- 파슬리 1줄기(잎, 줄기 포함)
- 정향 1개
- 버터 5g
- 식용유 50ml
- 면실 30cm
- 타임 2g
- 다시백 1개
- 월계수잎 1장

## 만드는 법

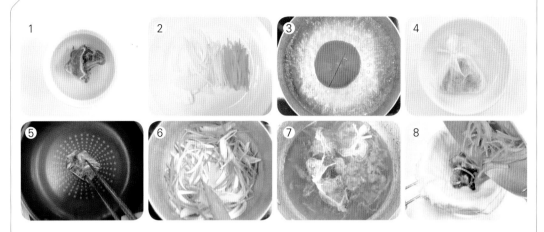

조리순서

재료 세척 및 분리 – 미르포아 만들기 – 토마토 콩카세 – 사세 데피스 만들기 – 뼈 굽기 – 채소 브라운색
내기 – 스톡 끓이기 – 면보에 걸러 200ml 이상 완성하기

조리법

❶ 재료 세척 및 분리 후 소뼈는 찬물에 담가 핏물을 빼준다.

❷ 양파, 당근, 셀러리는 채썰어 미르포아를 만든다.

❸ 토마토는 끓는 물에 데쳐 껍질과 씨를 제거한 후 다이스로 썰어준다.(콩카세)

❹ 다시백에 월계수잎, 통후추, 정향, 타임, 파슬리줄기를 넣고 묶어 사세 데피스를 만들어준다.

❺ 소뼈는 물기를 제거한 후 팬에서 갈색이 나도록 구워준다.

❻ 냄비에 버터를 소량 넣고 양파와 당근, 셀러리를 브라운색이 나도록 볶아준다.

❼ 냄비에 물을 2.5C 정도 넣어준 후 볶은 채소, 뼈, 토마토, 사세 데피스를 넣어 끓여준다.

❽ 물이 끓기 시작하면 불을 줄이고 불순물을 제거해준다.(스키밍)

❾ 다 끓여진 스톡은 면보에 걸러 200ml 이상이 되도록 담아 제출한다.

**POINT**

- 채썬 채소는 갈색이 되도록 볶되 타지 않도록 주의한다.
- 스톡은 불순물을 제거해주어 맑게 나올 수 있도록 한다.
- 스톡은 소창을 이용해 내리는데 이때 키친타월을 이용해도 기름기가 충분히 제거되므로 괜찮다.

**감독관 시선 포인트**

- 소뼈는 찬물에 담가 핏물을 우려내었는가?
- 토마토의 콩카세를 하였는가?
- 소뼈와 채소를 충분히 색이 나도록 볶았는가?
- 기름기를 제거하고 맑은 스톡을 200ml 이상 만들었는가?

# 이탈리안미트소스

## *Italian Meat Sauce*

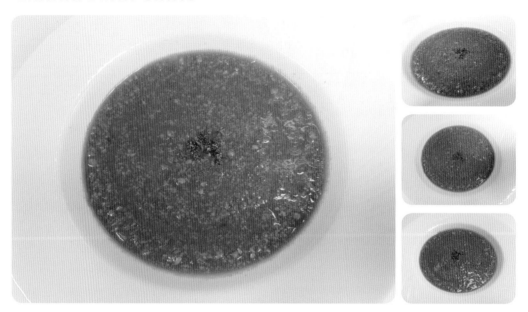

### 요구사항

※ 주어진 재료를 사용하여 다음과 같이 이탈리안미트소스를 만드시오.

㉮ 모든 재료는 다져서 사용하시오.

㉯ 그릇에 담고 파슬리 다진 것을 뿌려내시오.

㉰ 소스는 150mL 이상 제출하시오.

### 지급재료

- 양파 1/2개(중 150g)
- 소고기 60g(간 것)
- 마늘 1쪽(깐 것)
- 토마토(캔) 30g(고형물)
- 버터 10g(무염)
- 토마토 페이스트 30g
- 월계수잎 1잎
- 파슬리 1줄기(잎, 줄기 포함)
- 소금 2g
- 검은 후춧가루 2g
- 셀러리 30g

## 만드는 법

조리순서

재료 세척 및 분리 – 채소 다지기 – 고기 다지기 – 파슬리가루 만들기 – 재료 볶기 – 육수 넣기 – 토마토 소스 만들기 – 완성하기

조리법

❶ 재료를 세척 후 분리하고 파슬리는 찬물에 담가둔다.

❷ 마늘, 양파, 홀 토마토, 셀러리(섬유질 제거)는 다져준다.

❸ 고기는 핏물을 제거한 후 곱게 다져준다.

❹ 파슬리는 곱게 다진 후 면보에 넣고 물에 짜서 엽록소를 제거한다.

❺ 냄비에 버터로 양파, 마늘 → 셀러리, 소고기 순으로 볶다 페이스트를 약한 불로 충분히 볶아준다.

❻ 볶은 재료에 홀토마토, 물 1.5C, 월계수잎을 넣고 나무주걱으로 저어가며 뭉근히 끓여준다.(시머링)

❼ 소스의 거품을 제거하고(스키밍) 농도가 걸쭉해지면 월계수잎을 건진 후 소금, 흑후추로 간을 한다.

❽ 볼에 소스를 담아 고명으로 파슬리가루를 뿌려준다.

**POINT**

• 홀토마토는 다져서 사용한다.

• 다진 양파는 충분히 볶아 매운맛은 없애고 단맛을 살려준다.

• 페이스트는 낮은 온도에서 천천히 볶아야 신맛을 날려줄 수 있다.

**감독관 시선 포인트**

• 모든 재료는 곱게 다진 후 볶아서 사용했는가?

• 파슬리는 다져 흐르는 물에 엽록소와 쓴맛을 제거하였는가?

• 소스의 거품을 제거하였는가?

• 완성된 소스를 150ml 이상 제출하였는가?

# 홀렌다이즈 소스

## *Hollandaise Sauce*

## 요구사항

※ **주어진 재료를 사용하여 다음과 같이 홀렌다이즈 소스를 만드시오.**

㉮ 양파, 식초를 이용하여 허브에센스(Herb Essence)를 만들어 사용하시오.

㉯ 정제버터를 만들어 사용하시오.

㉰ 소스는 중탕으로 만들어 굳지 않게 그릇에 담아내시오.

㉱ 소스는 100mL 이상 제출하시오.

## 지급재료

- 달걀 2개
- 양파 1/8개(중 150g)
- 식초 20ml
- 검은 통후추 3개
- 버터 200g(무염)
- 레몬 1/4개(길이(장축)로 등분)
- 월계수잎 1잎
- 파슬리 1줄기(잎, 줄기 포함)
- 소금 2g
- 흰 후춧가루 1g

## 만드는 법

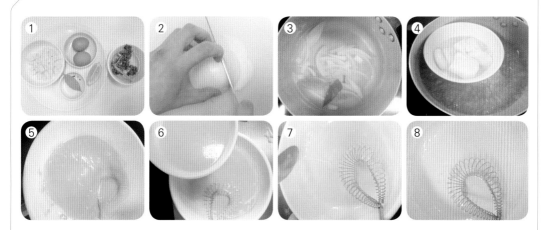

조리순서

재료 세척 및 분리 – 정제버터 만들기 – 양파 채썰기 – 허브에센스 만들기 – 달걀노른자와 허브에센스 섞기 – 정제버터 첨가하기 – 소스 만들기 – 완성하기

조리법

❶ 재료를 세척 후 분리한다.

❷ 냄비에 물을 끓여 버터를 중탕으로 녹인 후 가라앉은 불순물과 위쪽의 거품을 제거해 정제버터를 만든다.

❸ 양파는 다져서 준비한다.

❹ 냄비에 물 1T, 식초 1T, 레몬 1/2, 양파 다진 것, 통후추, 월계수잎, 파슬리 줄기를 넣고 허브에센스를 만든다.

❺ 냄비 위 중탕볼 위에서 달걀노른자 2개와 허브에센스 1T를 넣고 농도가 형성될 때까지 저어준다.

❻ 정제버터를 반복적으로 첨가해가며 한 방향으로 저어서 유화시킨다.

❼ 남은 레몬으로 농도를 맞춘 뒤 소금으로 나머지 간을 해준다.

❽ 소스볼에 100ml 이상 담아 완성한다.

**POINT**

- 버터는 잘게 잘라 스텐볼에 중탕하여 녹여야 시간을 절약할 수 있다.
- 볼에 달걀노른자, 허브에센스를 넣고 중탕하며 저어야 노른자 거품이 올라와 굳어지면서 홀렌다이즈 농도가 형성된다.
- 중탕한 버터를 최대한 사용해야 요구한 양을 만들 수 있다.

**감독관 시선 포인트**

- 허브에센스를 만들어 사용하였는가?
- 버터는 제대로 정제하였는가?
- 홀렌다이즈 소스를 만들 때 중탕을 하였는가?
- 정제한 버터를 모두 사용하였는가?
- 완성된 소스는 적당한 농도로 100ml 이상을 제출하였는가?

# 브라운 그래비 소스

## *Brown Gravy Sauce*

## 요구사항

※ **주어진 재료를 사용하여 다음과 같이 브라운 그래비 소스를 만드시오.**

㉮ 브라운 루(Brown Roux)를 만들어 사용하시오.

㉯ 소스의 양은 200mL 이상 만드시오.

## 지급재료

- 밀가루 20g(중력분)
- 브라운 스톡 300ml
  (물로 대체가능)
- 소금 2g
- 검은 후춧가루 1g
- 버터 30g(무염)
- 양파 1/6개(중 150g)
- 셀러리 20g
- 당근 40g
  (둥근 모양이 유지되게 등분)
- 토마토 페이스트 30g
- 월계수잎 1잎
- 정향 1개

## 만드는 법

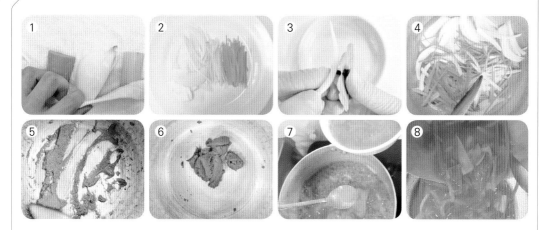

조리순서

재료 세척 및 분리 – 미르포아 만들기 – 향신료 준비하기 – 채소 브라운색 내기 – 브라운 루 만들기 – 페이스트 볶기 – 소스 끓이기 – 체에 거르기 – 완성하기

조리법

❶ 재료는 세척 후 분리한다.

❷ 양파, 당근, 셀러리는 얇게 채썰어 미르포아를 만든다.

❸ 양파에 정향, 월계수잎을 꽂아 어니언피켓(Onion Pique)을 만들어준다.

❹ 냄비에 버터를 넣고 양파, 당근, 셀러리를 넣어 갈색이 되도록 볶는다.(캐러멜라이징화)

❺ 냄비에 버터와 밀가루를 1 : 1 비율로 넣어 브라운 루를 만들어준다.

❻ 브라운 루의 토마토 페이스트를 넣어 낮은 온도로 신맛을 날린다.

❼ 볶은 루에 물과 볶아 채소, 향신료를 넣고 뭉근히 끓여준다.(시머링)

❽ 중간중간 거품을 제거해준다.

❾ 농도가 걸쭉해지면 체에 거른 후 소금, 후추를 넣어 볼에 담아 완성한다.

**POINT**

- 루를 볶을 때 브라운색이 나도록 볶되 타지 않아야 한다.
- 토마토 페이스트는 브라운 루와 함께 낮은 온도에서 볶아주면 신맛을 날리고 덩어리지는 것을 방지할 수 있다.
- 채소는 갈색이 나도록 볶아주되 타지 않도록 주의한다.

**감독관 시선 포인트**

- 채소는 얇게 채썰어 사용하였는가?
- 브라운 루는 태우지 않고 볶았는가?
- 소스를 끓이면서 거품을 제거하였는가?
- 소스 농도는 적당한가?
- 완성된 소스를 200ml 이상 담아 제출하였는가?

# 타르타르 소스
## *Tartar Sauce*

### 요구사항

※ 주어진 재료를 사용하여 다음과 같이 타르타르 소스를 만드시오.

㉮ 다지는 재료는 0.2cm 크기로 하고 파슬리는 줄기를 제거하여 사용하시오.

㉯ 소스는 농도를 잘 맞추어 100mL 이상 제출하시오.

### 지급재료

- 마요네즈 70g
- 오이피클 1/2개 (개당 25~30g)
- 양파 1/10개(중 150g)
- 파슬리 1줄기(잎, 줄기 포함)
- 달걀 1개
- 소금 2g
- 흰 후춧가루 2g
- 레몬 1/4개(길이(장축)로 등분)
- 식초 2ml

## 만드는 법

조리순서

재료 세척 및 분리 – 달걀(12~15분) 삶기 – 파슬리가루 만들기 – 양파 매운맛 제거 – 피클, 달걀흰자 다지기 – 달걀노른자 굵은체에 내리기 – 소스 만들기 – 완성하기

조리법

❶ 재료를 세척 후 분리하고 파슬리는 찬물에 담가놓는다.

❷ 냄비에 찬물과 소금, 달걀을 넣은 후 끓기 시작하면 12분간 삶아준다.

❸ 파슬리는 곱게 다진 후 면보에 싸서 물에 헹군 후 물기를 짜서 말려준다.

❹ 양파는 0.2cm 크기로 다이스한 후 소금물에 담가 매운맛을 제거한 후 면보에 짜서 말린다.

❺ 피클은 0.2cm 크기로 다이스한 후 물기를 짜준다.

❻ 흰자는 0.2cm로 다이스, 노른자는 0.2cm 정도 되는 굵은체에 내려준다.

❼ 볼에 양파, 피클, 흰자, 노른자 1/2, 파슬리, 레몬즙, 마요네즈, 소금, 후추를 넣고 농도를 맞춘다.

❽ 만들어진 소스를 볼에 100ml 이상 담고 넓게 펴준 후 가운데에 파슬리가루를 올려 완성한다.

**POINT**

• 달걀을 삶을 때 찬물부터 넣어 끓어오르면 12분간 삶아야 완숙이 된다.

• 달걀노른자는 마지막에 넣어 타르타르 소스색이 노랗게 되지 않도록 한다.

• 모든 재료는 곱게 다져주어야 한다.

**감독관 시선 포인트**

• 달걀은 완숙으로 잘 삶아졌는가?

• 양파, 피클, 달걀흰자를 곱게 다져 사용하였는가?

• 양파는 매운맛을 제거했는가?

• 파슬리는 엽록소를 제거하였는가?

• 완성된 소스는 알맞은 농도로 100ml 이상 제출하였는가?

# 사우전아일랜드 드레싱

*Thousand Island Dressing*

요구사항

※ 주어진 재료를 사용하여 다음과 같이 사우전아일랜드 드레싱을 만드시오.

㉮ 드레싱은 핑크빛이 되도록 하시오.

㉯ 다지는 재료는 0.2cm 크기로 하시오.

㉰ 드레싱은 농도를 잘 맞추어 100mL 이상 제출하시오.

지급재료

- 마요네즈 70g
- 오이피클 1/2개
  (개당 25~30g)
- 양파 1/6개(중 150g)
- 토마토케첩 20g
- 소금 2g
- 흰 후춧가루 1g
- 레몬 1/4개(길이(장축)로 등분)
- 달걀 1개
- 청피망 1/4개(중 75g)
- 식초 10ml

## 만드는 법

### 조리순서

재료 세척 및 분리 – 달걀 삶기(12~15분) – 재료 다지기 – 양파 매운맛 제거 – 달걀 다지기 – 소스색 맞추기 – 드레싱 만들기 – 완성하기

### 조리법

❶ 재료는 세척 후 분리한다.

❷ 냄비에 찬물을 넣고, 소금, 식초, 달걀을 넣어 12~15분간 삶아 찬물에 담가 식힌다.

❸ 양파, 청피망, 오이피클은 0.2cm로 다져준다.

❹ 다진 양파는 소금물에 담가 매운맛을 제거한 뒤 물기를 짜서 준비한다.

❺ 달걀을 흰자, 노른자로 분리한 후 흰자는 0.2cm로 다지고 노른자는 굵은체에 내려 준비한다.

❻ 마요네즈 3T, 케첩 1T, 레몬즙 소량, 소금, 흰 후추를 넣어 소스를 핑크색으로 맞추어준다.

❼ 소스와 양파, 청피망, 피클, 흰자, 노른자를 섞어 드레싱을 만든다.

❽ 볼에 드레싱을 100ml 이상 담아 완성한다.

**POINT**

• 마요네즈와 케첩은 비율에 맞춰 색과 농도에 주의하며 드레싱을 만든다.

• 모든 재료의 크기는 0.2cm로 자른다.

**감독관 시선 포인트**

• 달걀은 완숙으로 삶았는가?

• 양파는 매운맛을 제거하였는가?

• 마요네즈와 케첩의 비율을 알맞게 잘 맞추었는가?

• 소스의 농도가 적당한가?

• 100ml 이상을 완성품으로 제출하였는가?

# 치킨 알라킹

## *Chicken A'la King*

요구사항

※ **주어진 재료를 사용하여 다음과 같이 치킨 알라킹을 만드시오.**

㉮ 완성된 닭고기와 채소, 버섯의 크기는 1.8cm×1.8cm로 균일하게 하시오.

㉯ 닭뼈를 이용하여 치킨 육수를 만들어 사용하시오.

㉰ 화이트 루(Roux)를 이용하여 베샤멜소스(Bechamel Sauce)를 만들어 사용하시오.

지급재료

- 닭다리 1개(한 마리 1.2kg) (허벅지살 포함 반 마리 지급 가능)
- 청피망 1/4개(중 75g)
- 홍피망 1/6개(중 75g)
- 양파 1/6개(중 150g)
- 양송이 20g
- 버터 20g(무염)
- 밀가루 15g(중력분)
- 우유 150ml
- 정향 1개
- 생크림 20ml(조리용)
- 소금 2g
- 흰 후춧가루 2g
- 월계수잎 1잎

## 만드는 법

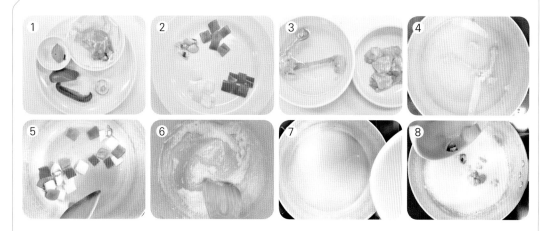

### 조리순서

재료 세척 및 분리 – 채소 손질 – 닭 손질하기 – 치킨스톡 만들기 – 재료 볶기 – 화이트 루 만들기 – 수프 끓이기 – 완성하기

### 조리법

❶ 재료는 세척 후 분리한다.

❷ 양파, 양송이, 청피망, 홍피망은 1.8×1.8cm 크기로 썰어주고 향신료는 어니언피켓을 만든다.

❸ 닭다리는 뼈와 껍질을 제거해 살만 발라 2×2cm 크기로 썰어 소금, 흰 후추로 밑간을 해주고 뼈는 찬 물에 담가 핏물을 빼준다.(p.33 참조)

❹ 냄비에 물 2C를 넣고 손질한 뼈와 남은 양파를 넣고 스톡을 만들어 면보에 걸러 치킨스톡을 만든다.

❺ 팬에 버터를 둘러 양파 – 양송이 – 홍피망 – 청피망 순으로 볶아준 후 닭다리살을 따로 볶아준다.

❻ 냄비에서 녹인 버터와 밀가루를 1 : 1 비율로 볶아 화이트 루를 만든다.

❼ 화이트 루에 치킨스톡 1C 정도를 천천히 넣고 풀어준 후 우유 150ml를 넣어 농도를 맞추어 모든 채소 와 어니언피켓, 생크림 1T를 넣어 끓인다.

❽ 농도가 맞게 끓으면 어니언피켓을 제거하고 소금, 흰 후추로 간하여 그릇에 담아낸다.

**POINT**

- 닭육수의 따뜻함을 이용하여 루를 풀어주어야 루 가 덩어리지지 않고 잘 풀어진다.
- 치킨 알라킹을 끓일 때 청피망은 마지막에 넣어 색이 죽지 않도록 한다.
- 건더기와 소스의 비율을 1 : 2 정도로 맞추어 재료 가 소스와 잘 어울리게 한다.

**감독관 시선 포인트**

- 닭다리는 뼈를 잘 발라내었는가?
- 채소를 제대로 절단하였는가?
- 뼈와 채소를 이용하여 치킨스톡을 만들었는가?
- 화이트 루를 만들고 우유, 치킨스톡을 이용하여 덩 어리지지 않게 풀어서 사용하였는가?
- 베샤멜소스의 농도와 건더기 비율을 알맞게 조절 하여 완성 볼에 담아냈는가?

# 치킨 커틀렛
## *Chicken Cutlet*

### 요구사항

※ **주어진 재료를 사용하여 다음과 같이 치킨 커틀렛을 만드시오.**

㉠ 닭은 껍질째 사용하시오.

㉡ 완성된 커틀렛의 색에 유의하고 두께는 1cm로 하시오.

㉢ 딥팻후라이(Deep Fat Frying)로 하시오.

### 지급재료

- 닭다리 1개(한 마리 1.2kg) (허벅지살 포함 반 마리 지급 가능)
- 달걀 1개
- 밀가루 30g(중력분)
- 빵가루 50g(마른 것)
- 소금 2g
- 검은 후춧가루 2g
- 식용유 500ml
- 냅킨 2장(흰색, 기름 제거용)

## 만드는 법

### 조리순서

재료 세척 및 분리 – 재료 손질 – 재료 준비 – 밀가루 – 달걀물 – 빵가루 입히기 – 튀기기 – 완성하기

### 조리법

❶ 재료를 세척 및 분리한 후 기름을 예열해둔다.

❷ 달걀을 풀어 달걀물을 만들어준다.

❸ 닭다리의 뼈와 힘줄, 기름을 제거한다.(p.33 참조)

❹ 닭다리살을 1cm 두께로 포를 떠준다.

❺ 포뜬 닭다리살 껍질 쪽에 칼집을 넣은 후 칼등을 이용하여 두드린 뒤 소금, 후추로 간을 해준다.

❻ 손질된 닭에 밀가루, 달걀, 빵가루 순으로 튀김옷을 입혀준다.

❼ 기름온도를 160~180℃까지 맞춰 노릇한 갈색이 되도록 튀겨낸 뒤 키친타월 위에 올려 기름기를 제거한다.

❽ 기름기가 제거된 커틀렛은 접시에 담아 제출한다.

### POINT

• 닭고기 껍질 쪽에 칼집을 넣고 두들겨주어야 오그라들지 않고 속까지 잘 익는다.

• 튀긴 후 키친타월로 기름기 제거 후 잔열에 의해 튀김옷 색이 더 진해질 수 있음을 감안한다.

### 감독관 시선 포인트

• 닭손질을 할 때 몸통과 다리를 분리하지 않고 뼈를 발라내어 소금, 후추 간을 하였는가?

• 손질된 닭은 살을 골고루 펴서 칼집을 넣어 구부러지지 않게 하였는가?

• 밀가루, 달걀물, 빵가루 순으로 튀김옷을 입혔는가?

• 불 조절을 잘하여 기름온도를 180℃로 맞추고 속까지 완전히 익혀내었는가?

• 키친타월을 이용하여 커틀렛의 기름기를 제거하였는가?

# 비프 스튜

## *Beef Stew*

### 요구사항

※ **주어진 재료를 사용하여 다음과 같이 비프 스튜를 만드시오.**

㉮ 완성된 소고기와 채소의 크기는 1.8cm의 정육면체로 하시오.

㉯ 브라운 루(Brown Roux)를 만들어 사용하시오.

㉰ 파슬리 다진 것을 뿌려 내시오.

### 지급재료

- 소고기 100g(덩어리)
- 당근 70g
- 양파 1/4개(중 150g)
- 셀러리 30g
- 감자 1/3개(150g)
- 마늘 1쪽(중 깐 것)
- 토마토 페이스트 20g
- 밀가루 25g(중력분)
- 버터 30g(무염)
- 소금 2g
- 검은 후춧가루 2g
- 파슬리 1줄기(잎, 줄기 포함)
- 월계수잎 1잎
- 정향 1개

## 만드는 법

### 조리순서

재료 손질 및 분리 - 채소 썰기 - 소고기 손질 - 채소 볶기 - 소고기 볶기 - 브라운 루 만들기 - 비프 스튜 만들기 - 완성하기

### 조리법

❶ 재료는 세척 후 분리하고 파슬리는 찬물, 향신료는 어니언피켓, 소고기는 키친타월로 핏기를 제거한다.

❷ 모든 채소를 1.8cm 크기의 정육면체로 썰어준 뒤 감자, 당근은 모서리를 다듬어주고 마늘은 다지기, 파슬리는 다져 쓴맛을 제거해 가루를 만든다.

❸ 소고기를 2cm 크기의 정육면체로 썰어 소금, 후추로 밑간을 한다.

❹ 팬에 버터를 둘러 다진 마늘을 볶다가 모든 채소를 볶아준다.

❺ 소고기는 밀가루옷을 입혀준 뒤 버터를 두른 센 불에서 볶아준다.

❻ 냄비에 버터 1T와 밀가루 1.5T를 넣어 갈색이 나도록 볶아 브라운 루를 만든다.

❼ 브라운 루에 페이스트를 넣고 신맛을 날려준 뒤 물 2컵, 어니언피켓, 파슬리 줄기, 볶은 채소, 소고기를 넣고 뭉근히 끓이며 거품을 제거한다.

❽ 농도가 걸쭉해지면 어니언피켓과 파슬리 줄기를 건진 후 소금, 후추 간을 하여 접시에 담아 파슬리가루를 뿌려 완성한다.

### POINT

- 브라운색으로 루를 잘 볶아야 알맞은 스튜색이 나온다.
- 처음 끓일 때 물을 충분히 넣어야 농도를 맞추기 용이하다.
- 담아내는 스튜는 걸쭉하게 제출한다.

### 감독관 시선 포인트

- 채소는 세척하여 한입 크기로 잘라서 모서리를 다듬어 볶아냈는가?
- 소고기는 기름기를 제거하고 잘라서 소금, 후추, 밀가루를 묻혀 센 불에서 색을 내었는가?
- 브라운 루를 만들어 모든 재료를 넣어서 충분히 익히고 기름과 거품을 제거하여 완성하였는가?

# 살리스버리 스테이크
## *Salisbury Steak*

### 요구사항

※ 주어진 재료를 사용하여 다음과 같이 살리스버리 스테이크를 만드시오.

㉮ 살리스버리 스테이크는 타원형으로 만들어 고기 앞, 뒤의 색을 갈색으로 구우시오.

㉯ 더운 채소(당근, 감자, 시금치)를 각각 모양 있게 만들어 곁들여 내시오.

### 지급재료

- 소고기 130g(간 것)
- 양파 1/6개(중 150g)
- 달걀 1개
- 우유 10ml
- 빵가루 20g(마른 것)
- 소금 2g
- 검은 후춧가루 2g
- 식용유 150g
- 감자 1/2개(150g)
- 당근 70g
  (둥근 모양이 유지되게 등분)
- 시금치 70g
- 흰 설탕 25g
- 버터 50g

## 만드는 법

조리순서

재료 세척 및 분리 – 채소 커팅 – 채소 조리 – 가니쉬 만들기 – 스테이크 반죽 – 스테이크 모양내기 – 스테이크 굽기 – 완성하기

조리법

❶ 재료를 세척 후 분리하고 소고기는 키친타월을 이용해 핏물을 제거하고 달걀은 풀어 달걀물을 만든다.

❷ 감자는 1×1×4~5cm 크기로 썰어 물에 담가놓는다. 당근은 0.5cm 두께로 썰어 모서리를 다듬어 비치 모양(3개)으로 만든다. 시금치는 4~5cm 길이로 썰고 양파는 다져준다.

❸ 끓는 물에 감자(4분), 당근(4분), 시금치를 각각 데쳐주고 양파는 한 번 볶은 후 식혀준다.

❹ 감자는 기름을 자작하게 하여 튀긴 후 소금 간을 하여 키친타월 위에서 식힌다. 시금치는 팬에 버터를 두르고 다진 양파 소량과 함께 볶아 소금 간을 한다. 당근은 팬에 물 3T, 설탕 2T, 버터를 넣어 당근과 함께 조려 글레이징한다.

❺ 소고기는 한번 더 곱게 다진 후 핏기를 한 번 더 제거하여 볶은 양파, 달걀물, 우유, 빵가루, 소금, 흑후추로 양념해 찰기가 생길 때까지 치대준다.

❻ 손에 기름을 묻힌 후 고기반죽을 두께 0.8cm 정도의 럭비공 모양으로 성형해준다.

❼ 팬에 기름을 두른 후 예열하여 스테이크를 넣고 처음엔 중불, 색이 나면 약불로 하여 속까지 충분히 익혀준다.

❽ 스테이크에 버터를 넣어 끼얹어준 후 완성접시에 가니쉬와 함께 보기 좋게 담아낸다.

### ▶ POINT

- 스테이크는 한 번 더 곱게 다져준 후 충분히 치대야 찰기가 생겨 고기를 구울 때 부서지지 않는다.
- 고기는 겉은 타지 않고 속은 익을 수 있도록 약불에서 천천히 익혀준다.
- 고기와 양파는 수분 제거에 주의하고 달걀과 빵가루는 너무 많이 넣지 않는다.
- 고기를 구울 때 처음엔 기름양을 적게 하여 색을 내준 뒤 기름을 넉넉히 넣고 불을 줄여 천천히 익혀준다.

### ▶ 감독관 시선 포인트

- 소고기와 양파는 곱게 다져 사용했는가?
- 스테이크 반죽을 차지게 치대었는가?
- 스테이크 모양은 기름과 도마를 이용하여 럭비공 모양으로 성형하였는가?
- 팬에 불을 조절하여 겉면이 타지 않고 속이 완전히 익도록 구웠는가?
- 가니쉬는 용도에 맞게 조리하여 접시에 스테이크와 함께 담아내었는가?

# 서로인 스테이크

## *Sirloin Steak*

### 요구사항

※ 주어진 재료를 사용하여 다음과 같이 서로인 스테이크를 만드시오.

㉮ 스테이크는 미디움(Medium)으로 구우시오.

㉯ 더운 채소(당근, 감자, 시금치)를 각각 모양 있게 만들어 함께 내시오.

### 지급재료

- 소고기 200g(등심 덩어리)
- 감자 1/2개(150g)
- 당근 70g
  (둥근 모양이 유지되게 등분)
- 시금치 70g
- 소금 2g
- 검은 후춧가루 1g

- 식용유 150ml
- 버터 50g(무염)
- 흰 설탕 25g
- 양파 1/6개(중 150g)

## 만드는 법

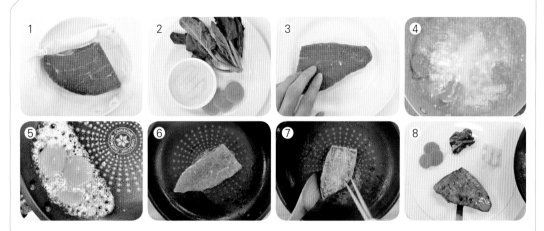

조리순서

재료 세척 및 분리 – 채소 손질 – 소고기 손질 – 채소 데치기 – 가니쉬 만들기 – 스테이크 굽기 – 스테이
크 레스팅 – 완성하기

조리법

❶ 재료를 세척 후 분리하고 소고기는 키친타월을 이용해 핏물을 제거해준다.

❷ 감자는 1×1×4~5cm 크기로 썰어 물에 담가놓는다. 당근은 0.5cm 두께로 썰어 모서리를 다듬어 비치
모양(3개)으로 만든다. 시금치는 4~5cm 길이로 썰어주고 양파는 다져준다.

❸ 소고기는 지방을 제거해주고 칼등으로 연육작업을 해준 후 소금, 후추로 밑간을 해준다.

❹ 끓는 물에 감자, 당근을 각각 데쳐주고 시금치는 살짝 데친다.

❺ 감자는 기름을 자작하게 하여 튀긴 후 소금 간을 하여 키친타월 위에서 식힌다. 시금치는 팬에 버터를
두르고 다진 양파 소량과 함께 볶아 소금 간을 한다. 당근은 팬에 물 3T, 설탕 2T, 버터를 넣고 함께 조
려 글레이징한다.

❻ 달군 팬에 식용유를 둘러 미디움으로 익혀준다.

❼ 익힌 고기는 팬 위에서 육즙이 퍼지도록 5분 정도 레스팅시켜주고 버터를 녹여 고기 위에 끼얹으며 버
터코팅을 시켜준다.

❽ 접시 위에 스테이크를 담고 가니쉬와 함께 완성한다.

### POINT

- 등심은 둔부에 가까울수록 잘 익지 않으므로 충분
히 두드려 연육작업을 해준다.
- 고기를 구울 때는 센 불로 겉면에 갈색을 입힌 후
중불과 약불을 조절하여 익혀준다.
- 웰던에 가깝게 익혀 실격처리되는 경우가 많으므
로 주의한다.

### 감독관 시선 포인트

- 고기는 모서리의 지방을 제거하고 소금, 후추를 이
용하여 간을 하였는가?
- 가니쉬는 올바른 방법으로 조리하였는가?
- 당근은 삶아 소금, 설탕을 넣고 윤기있게 조려냈
는가?
- 스테이크는 미디움으로 잘 익혀냈는가?

# 바베큐 폭찹

## *Barbecued Pork Chop*

### 요구사항

※ **주어진 재료를 사용하여 다음과 같이 바베큐 폭찹을 만드시오.**

㉮ 고기는 뼈가 붙은 채로 사용하고 고기의 두께는 1cm로 하시오.

㉯ 양파, 셀러리, 마늘은 다져 소스로 만드시오.

㉰ 완성된 소스는 농도에 유의하고 윤기가 나도록 하시오.

### 지급재료

- 돼지갈비 200g(살두께 5cm 이상, 뼈를 포함한 길이 10cm)
- 토마토케첩 30g
- 우스터 소스 5ml
- 황설탕 10g
- 양파 1/4개(중 150g)
- 소금 2g
- 검은 후춧가루 2g
- 셀러리 30g
- 핫소스 5ml
- 버터 10g(무염)
- 식초 10ml
- 월계수잎 1잎
- 밀가루 10g(중력분)
- 레몬 1/6개(길이(장축)로 등분)
- 마늘 1쪽(중 간 것)
- 비프스톡 200ml(물로 대체가능)
- 식용유 30ml

## 만드는 법

조리순서

재료 세척 후 분리 – 갈비 손질 – 채소 다지기 – 돼지갈비 지지기 – 채소 볶기 – 소스 만들기 – 폭찹 만들기 – 완성하기

조리법

1. 재료는 세척 후 분리하고 돼지갈비는 찬물에 담가 핏물을 제거한다.
2. 돼지갈비는 뼈가 붙은 채로 고기의 두께가 1cm가 되도록 길게 펴서 칼집을 넣어 소금, 후추로 밑간한다. (p.40 참조)
3. 셀러리는 섬유질을 제거한 후 양파와 함께 곱게 다지고 마늘은 곱게 다져준다.
4. 돼지갈비에 밀가루를 묻힌 후 팬에 식용유를 두르고 노릇노릇하게 지진다.
5. 팬에 버터를 두른 후 다진 마늘, 양파, 셀러리를 볶아준다.
6. 볶은 채소에 케첩 2T, 황설탕 1t, 핫소스 1/2t, 우스터소스 1/2t, 식초 1/2t, 레몬즙 1/2t를 넣은 후 물 2C과 월계수잎을 넣어 끓인다.
7. 소스가 끓어오르기 시작하면 돼지갈비를 넣고 졸이다 농도가 되직해지면 소금, 후추 간을 한 후 월계수잎을 제거한다.
8. 갈비를 접시에 담은 후 소스를 끼얹어 완성한다.

**POINT**

- 뼈가 떨어지지 않도록 주의하여 넓게 펴준 후 칼 끝을 사용하여 칼집을 넣어준다.
- 고기는 밀가루를 덧발라 팬에 굽고 소스를 넣고 설탕과 물을 넣어 충분히 끓여야 농도와 광택이 난다.
- 소스 농도가 나올 때까지 충분히 졸여준다.

**감독관 시선 포인트**

- 돼지갈비는 일정 두께로 펴서 소금, 후추, 밀가루를 입혀 팬에 지졌는가?
- 재료를 충분히 끓여 익혀내고 소스는 윤기나게 졸여서 바베큐 위에 끼얹었는가?
- 완성된 바베큐는 안까지 충분히 익혀냈는가?

# 비프 콘소메
## *Beef Consomme*

### 요구사항

※ 주어진 재료를 사용하여 다음과 같이 비프 콘소메를 만드시오.

㉮ 어니언 브루리(Onion Brulee)를 만들어 사용하시오.

㉯ 양파를 포함한 채소는 채 썰어 향신료, 소고기, 달걀흰자 머랭과 함께 섞어 사용하시오.

㉰ 수프는 맑고 갈색이 되도록 하여 200mL 이상 제출하시오.

### 지급재료

- 소고기 70g(간 것)
- 양파 1개(중 150g)
- 당근 40g
  (둥근 모양이 유지되게 등분)
- 셀러리 30g
- 달걀 1개
- 소금 2g
- 검은 후춧가루 2g
- 검은 통후추 1개
- 파슬리 1줄기(잎, 줄기 포함)
- 월계수잎 1잎
- 토마토 1/4개(중 150g)
- 비프스톡 500ml
  (물로 대체가능)
- 정향 1개

## 만드는 법

### 조리순서

재료 세척 후 분리 – 채소 채썰기 – 토마토 콩카세 – 양파 어니언 브루리 – 머랭 치기 – 끓이기 – 거품 제거 – 완성하기

### 조리법

❶ 재료는 세척 후 분리하고 소 민찌는 키친타월로 핏기를 제거한다.

❷ 양파, 당근, 셀러리는 채썰어준다.

❸ 토마토는 끓는 물에 데쳐 껍질을 제거한 후 다져 콩카세해준다.

❹ 채썬 양파를 아무것도 두르지 않은 팬에서 갈색으로 그을려 어니언 브루리를 만들어준다.

❺ 달걀은 흰자만 분리하여 거품기로 머랭을 쳐준 뒤 당근, 셀러리, 토마토, 소고기를 넣고 섞어준다.

❻ 냄비에 물 2.5C와 어니언 브루리를 넣어준 후 머랭과 월계수잎, 정향, 통후추, 파슬리줄기를 올려 뭉근히 끓인다.

❼ 끓어오르기 시작하면 불을 줄여준 후 머랭 가운데 구멍을 뚫어 불순물을 제거해준 뒤 소금, 후추로 간한다.

❽ 완성된 수프는 면보와 키친타월에 2번 걸러 기름기를 완전히 제거한 후 그릇에 200ml 이상 담아내 완성한다.

**POINT**
- 달걀흰자를 머랭으로 만든 뒤 재료와 혼합한다.
- 면보와 키친타월을 이용하여 기름기를 완벽하게 제거한다.

**감독관 시선 포인트**
- 채소를 일정하게 채썰었는가?
- 머랭을 알맞게 만들었는가?
- 양파는 볶아서 어니언 브루리를 사용하였는가?
- 찬물에서부터 재료를 넣고 끓였는가?
- 맑은 갈색이 나도록 기름이 위에 뜨지 않게 걸러서 완성하였는가?
- 200ml 이상이 되게 담아내어 제출하였는가?

# 미네스트로니 수프
## *Minestrone Soup*

### 요구사항

※ 주어진 재료를 사용하여 다음과 같이 미네스트로니 수프를 만드시오.

㉮ 채소는 사방 1.2cm, 두께 0.2cm로 써시오.

㉯ 스트링빈스, 스파게티는 1.2cm의 길이로 써시오.

㉰ 국물과 고형물의 비율을 3 : 1로 하시오.

㉱ 전체 수프의 양은 200mL 이상으로 하고 파슬리가루를 뿌려내시오.

### 지급재료

- 양파 1/4개(중 150g)
- 셀러리 30g
- 당근 40g
  (둥근 모양이 유지되게 등분)
- 무 10g
- 양배추 40g
- 버터 5g(무염)
- 스트링빈스 2줄기
  (냉동, 채두 대체가능)
- 완두콩 5알
- 토마토 1/8개(중 150g)
- 스파게티 2가닥
- 토마토 페이스트 15g
- 베이컨 1/2조각
  (길이 25~30ml)
- 파슬리 1줄기(잎, 줄기 포함)
- 마늘 1쪽(중 간 것)
- 소금 2g
- 검은 후춧가루 2g
- 치킨스톡 200ml
  (물로 대체가능)
- 월계수잎 1잎
- 정향 1개

## 만드는 법

### 조리순서

재료 세척 후 분리 - 토마토 콩카세 - 스파게티 삶기 - 재료 페이잔느 썰기 - 재료 볶기 - 수프 끓이기 - 파슬리가루 만들기 - 완성하기

### 조리법

❶ 재료는 세척 후 분리하고 파슬리는 찬물에 담가놓은 후 양파, 월계수잎, 정향으로 어니언피켓을 만든다.

❷ 끓는 물에 토마토를 데쳐 찬물에 식힌 후 껍질과 씨를 제거하고 사방 1.2cm 정도 크기로 콩카세해준다.

❸ 끓는 물에 소금을 넣고 스파게티면을 8분 정도 삶아 1.2cm 길이로 썰어준다.

❹ 양파, 셀러리, 당근, 무, 양배추, 스트링빈스는 두께 0.2, 사방 1.2cm 크기로 재단하며 베이컨은 사방 1.5cm 크기로 썰어주고 마늘은 다져준다.

❺ 냄비에 마늘과 베이컨을 넣고 볶다가 채소를 넣고 볶은 다음 불을 줄여 토마토 페이스트를 넣고 신맛을 날려준다.

❻ 볶은 채소에 물 2C를 넣고 끓으면 어니언피켓, 스파게티, 완두콩, 토마토, 스트링빈스를 넣고 거품을 제거하며 끓여준다.

❼ 파슬리는 곱게 다져 면보에 넣고 물에 헹구어 엽록소와 쓴맛을 제거하고 수분을 날려준다.

❽ 수프의 농도가 나오면 소금, 흑후추로 간을 한 후 그릇에 200ml 이상 담아 파슬리를 올려 완성한다.

---

**POINT**

- 채소는 높이 2cm, 사방 1.2cm에 맞추어 일정하게 썰어준다.
- 토마토 페이스트는 농도를 맞추어 연한 붉은색이 나도록 물을 충분히 넣어 끓인다.
- 수프의 국물과 건더기의 비율은 3 : 1로 맞추어 완성한다.

**감독관 시선 포인트**

- 식재료는 잘 세척하였는가?
- 채소는 1.2cm 크기로 썰었는가?
- 토마토 페이스트는 충분히 볶아 신맛을 날려주었는가?
- 파슬리가루를 올바른 방법으로 만들었는가?
- 수프 위에 뜨는 기름과 거품을 제거하였는가?
- 건더기와 육수의 양과 비율은 알맞은가?

# 피시차우더 수프
## *Fish Chowder Soup*

요구사항

※ **주어진 재료를 사용하여 다음과 같이 피시차우더 수프를 만드시오.**

㉮ 차우더 수프는 화이트 루(Roux)를 이용하여 농도를 맞추시오.

㉯ 채소는 0.7cm×0.7cm×0.1cm, 생선은 1cm×1cm×1cm 크기로 써시오.

㉰ 대구살을 이용하여 생선스톡을 만들어 사용하시오.

㉱ 수프는 200mL 이상 제출하시오.

지급재료

- 대구살 50g(해동 지급)
- 감자 1/4개(150g)
- 베이컨 1/2조각
  (길이 25~30cm)
- 양파 1/6개(중 150g)
- 셀러리 30g
- 버터 20g(무염)
- 밀가루 15g(중력분)
- 우유 200ml
- 소금 2g
- 흰 후춧가루 2g
- 정향 1개
- 월계수잎 1잎

## 만드는 법

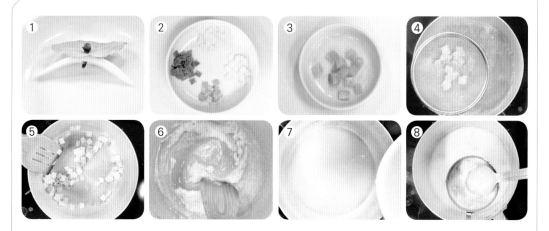

### 조리순서

재료 세척 및 분리 – 채소 커팅 – 피시 커팅 – 피시스톡 만들기 – 재료 볶기 – 화이트 루 만들기 – 수프 끓이기 – 완성하기

### 조리법

❶ 재료는 세척 후 분리하고 양파, 월계수잎, 정향으로 어니언피켓을 만들어준다.

❷ 셀러리는 섬유질을 제거하여 두께 0.1, 사방 0.7cm로 잘라주고 양파, 베이컨, 감자도 똑같은 크기로 자른 후 감자는 물에 담가놓는다.

❸ 생선은 사방 1.2cm 크기로 썰어준다.

❹ 냄비에 물 1컵과 양파와 대구살 자투리를 넣고 피시스톡을 만들고 재단한 생선살도 같이 데쳐준다.

❺ 팬에 베이컨을 넣고 볶다가 버터를 넣고 양파, 감자, 셀러리를 같이 볶아준다.

❻ 냄비에 버터를 녹인 후 버터와 밀가루를 1:1 비율로 볶아 화이트 루를 만든다.

❼ 냄비에 약불로 피시스톡 1C 정도를 천천히 넣으며 루를 풀어주고 볶은 채소와 우유를 모두 넣어 농도를 맞춘 후 생선살과 어니언피켓을 넣는다.

❽ 수프가 끓으면 어니언피켓을 건진 후 소금, 흰 후추로 간을 맞춰 그릇에 200ml 이상 담아 완성한다.

### POINT

• 수프의 색이 흰색이 되도록 한다.
• 루를 풀 때 따뜻한 생선스톡을 이용하여 조금씩 넣으면 루가 덩어리지는 것을 막을 수 있다.
• 걸쭉한 루가 모두 풀어진 후 우유를 모두 넣어야 수프의 색이 진한 흰색을 띤다.

### 감독관 시선 포인트

• 화이트 루는 색이 나지 않게 볶았는가?
• 대구살을 데친 스톡을 사용하여 화이트 루를 풀어주었는가?
• 채소는 0.7cm 크기로 일정하게 썰고 볶아서 사용하였는가?
• 수프의 농도는 적절한가?
• 200ml 이상이 되게 담아내었는가?

# 프렌치 프라이드 쉬림프
## *French Fried Shrimp*

### 요구사항

※ **주어진 재료를 사용하여 다음과 같이 프렌치 프라이드 쉬림프를 만드시오.**

㉮ 새우는 꼬리 쪽에서 1마디 정도 껍질을 남겨 구부러지지 않게 튀기시오.

㉯ 새우튀김은 4개를 제출하시오.

㉰ 레몬과 파슬리를 곁들이시오.

### 지급재료

- 새우 4마리(50~60g)
- 밀가루 80g(중력분)
- 흰 설탕 2g
- 달걀 1개
- 소금 2g
- 흰 후춧가루 2g
- 식용유 500ml
- 레몬 1/6개(길이(장축)로 등분)
- 파슬리 1줄기(잎, 줄기 포함)
- 냅킨 2장(흰색, 기름 제거용)
- 이쑤시개 1개

## 만드는 법

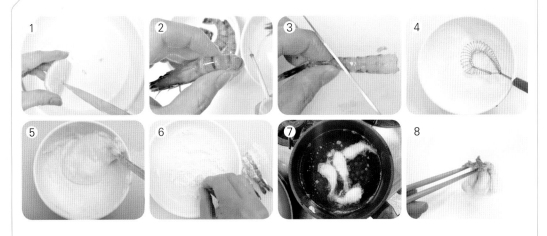

### 조리순서

재료 세척 – 새우 손질 – 새우 밑간 – 머랭 만들기 – 노른자 반죽 만들기 – 새우 튀기기 – 완성하기

### 조리법

❶ 재료를 세척 후 분리하고 파슬리는 물에 담가놓고 레몬은 씨와 피막을 제거하여 웨지형으로 썬다.

❷ 새우는 머리를 제거하고 이쑤시개로 내장을 제거한다. 껍질은 꼬리 쪽 한 마디를 남기고 벗겨낸 후 물총을 제거한다.

❸ 새우 배쪽에 칼집을 넣고 등쪽 힘줄을 꺾은 후 소금, 후추 간을 해준다.

❹ 달걀은 흰자와 노른자를 분리하고 흰자는 머랭을 쳐서 만들어준다.

❺ 노른자는 설탕 1ts, 물 1Ts, 밀가루 1Ts를 섞은 후 반죽을 만들고 머랭과 반죽 2T 정도를 섞어 튀김반죽을 만든다.

❻ 기름은 예열시키고 새우 → 밀가루 → 반죽 순서대로 묻혀 준비한다.(꼬리 한 마디는 제외한다)

❼ 온도가 올라온 기름에 새우가 휘어지지 않도록 잡아주며 튀긴 후 키친타월 위에서 기름기를 제거한다.

❽ 접시에 파슬리와 레몬으로 장식한 후 새우튀김을 올려 완성한다.

---

**POINT**

- 새우는 껍질을 까서 배 쪽에 칼집을 3~4회 넣고 등쪽으로 살짝 소리가 날 때까지 꺾은 뒤 펴준다.
- 반죽은 달걀을 분리하고 노른자에 재료를 넣어 농도를 맞춘 후 머랭을 만들어 노른자와 섞어 농도를 맞춘다.
- 처음부터 높지 않은 온도에서 튀겨준다.

**감독관 시선 포인트**

- 새우의 내장을 올바르게 제거하였는가?
- 껍질 깐 새우에 칼집을 알맞게 넣었는가?
- 반죽농도는 걸쭉하게 되었는가?
- 기름 온도를 제어하고 튀김색을 알맞게 내었는가?

# 프렌치어니언수프

## *French Onion Soup*

### 요구사항

※ 주어진 재료를 사용하여 다음과 같이 프렌치어니언수프를 만드시오.

㉮ 양파는 5cm 크기의 길이로 일정하게 써시오.

㉯ 바게트빵에 마늘버터를 발라 구워서 따로 담아내시오.

㉰ 완성된 수프의 양은 200ml 정도 제출하시오.

### 지급재료

- 양파 1개(중 150g)
- 바게트빵 1조각
- 버터 20g(무염)
- 소금 2g
- 검은 후춧가루 1g
- 파마산치즈가루 10g
- 백포도주 15ml

- 마늘 1쪽(중 깐 것)
- 파슬리 1줄기(잎, 줄기 포함)
- 맑은 스톡 270ml
  (비프스톡 또는 콘소메)
  (물로 대체가능)

## 만드는 법

### 조리순서

재료 손질 및 분리 – 양파 썰기 – 양파 캐러멜라이징화 – 수프 끓이기 – 마늘버터 만들기 – 바게트빵 굽기 – 수프 간하기 – 완성하기

### 조리법

❶ 재료를 세척 후 분리하고 파슬리는 찬물에 담가놓는다.

❷ 양파를 5cm 길이로 아주 얇고 일정하게 채썰어준다.

❸ 냄비에서 양파가 갈색이 되도록 볶아 캐러멜라이징화시킨다.

❹ 갈색이 난 양파에 백포도주와 물 1.5C을 넣고 끓인다.

❺ 마늘과 파슬리는 곱게 다진 후 버터와 섞어 마늘버터를 만든다.

❻ 바게트 위에 마늘버터를 발라준 후 달궈진 팬에 타지 않게 굽는다.

❼ 수프의 불순물과 거품을 제거해 소금, 흑후추로 간을 한다.

❽ 볼에 200ml 이상 담고 구운 바게트에 파마산가루를 뿌려 수프와 함께 완성한다.

---

**POINT**

- 양파는 아주 얇고 일정하게 썰어주어야 일정한 색으로 캐러멜라이징화가 가능하다.
- 양파를 볶을 땐 타지 않도록 수분을 계속해서 넣어주고 팬에 붙은 캐러멜색을 수분과 와인을 이용하여 양파에 입혀준다.
- 구운 바게트빵은 완성된 수프에 올리는 것이 아니라 따로 제출하는 것이다.

**감독관 시선 포인트**

- 양파는 주어진 전체 양을 썰어 갈색이 나도록 물과 화이트와인을 넣고 볶아서 사용하였는가?
- 마늘버트를 만들어 바게트빵에 발라 구워서 사용하였는가?
- 완성된 수프의 기름기를 제거하였는가?
- 완성된 수프의 양이 200ml 이상이 되게 제출하였는가?

# 포테이토 크림수프
## *Potato Cream Soup*

### 요구사항

**※ 주어진 재료를 사용하여 다음과 같이 포테이토 크림수프를 만드시오.**

㉮ 크루톤(Crouton)의 크기는 사방 0.8~1cm로 만들어 버터에 볶아 수프에 띄우시오.

㉯ 익힌 감자는 체에 내려 사용하시오.

㉰ 수프의 색과 농도에 유의하고 200mL 이상 제출하시오.

### 지급재료

- 감자 1개(200g)
- 대파 1토막(흰 부분 10cm)
- 양파 1/4개(중 150g)
- 버터 15g(무염)
- 치킨스톡 270g
  (물로 대체가능)
- 생크림 20ml(조리용)
- 식빵 1조각(샌드위치용)
- 소금 2g
- 흰 후춧가루 1g
- 월계수잎 1잎

## 만드는 법

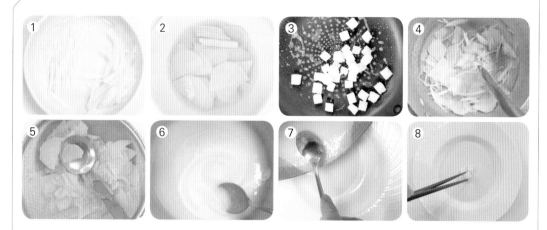

조리순서

재료 세척 및 분리 – 양파, 대파 채썰기 – 감자 편썰기 – 크루톤 만들기 – 채소 볶기 – 감자 체에 내리기 – 수프 끓이기 – 완성하기

조리법

❶ 재료를 세척 후 분리한다.

❷ 양파, 대파는 얇게 채썬다.

❸ 감자는 얇게 편썬 후 찬물에 담가 전분을 제거한다.

❹ 식빵은 0.8~1cm로 자른 후 버터 두른 팬에서 볶듯이 구워 크루톤을 만든다.

❺ 냄비에 버터를 두른 후 양파, 대파, 감자를 투명해질 때까지 볶는다.

❻ 볶은 채소에 물 3C와 월계수잎을 넣고 감자가 익을 때까지 끓인 후 체에 내린다.

❼ 체에 내린 감자에 생크림 1T, 소금, 흰 후추를 넣고 농도를 맞춰준다.

❽ 그릇에 200ml 이상 담고 크루톤을 가운데에 올려 완성한다.

### POINT

- 감자와 양파는 최대한 얇게 하여 재빨리 무르게 만들어 체에 내릴 수 있도록 한다.
- 크림수프이기 때문에 생크림을 모두 넣어준다.
- 수프의 농도가 묽으면 냄비에서 끓여 수분을 날려 농도를 맞춰준다.

### 감독관 시선 포인트

- 감자와 양파는 아주 얇게 썰어 볶은 후 물을 부어 끓였는가?
- 감자는 완전히 익혀서 체에 모두 내려서 사용하였는가?
- 생크림을 넣고 다시 끓여 알맞은 농도로 수프를 완성하였는가?
- 완성된 수프의 양이 200ml 이상이 되었는가?

# 샐러드 부케를 곁들인
# 참치타르타르와 채소 비네그레트

*Tuna Tartar with Salad Bouquet and Vegetable Vinaigrette*

## 요구사항

※ **주어진 재료를 사용하여 다음과 같이 샐러드 부케를 곁들인 참치타르타르와 채소 비네그레트를 만드시오.**

㉮ 참치는 꽃소금을 사용하여 해동하고, 3~4mm의 작은 주사위 모양으로 썰어 양파, 그린올리브, 케이퍼, 처빌 등을 이용하여 타르타르를 만드시오.

㉯ 채소를 이용하여 샐러드부케를 만드시오.

㉰ 참치타르타르는 테이블 스푼 2개를 사용하여 퀜넬(Quenelle)형태로 3개를 만드시오.

㉱ 비네그레트는 양파, 붉은색과 노란색의 파프리카, 오이를 가로, 세로 2mm의 작은 주사위 모양으로 썰어서 사용하고 파슬리와 딜은 다져서 사용하시오.

### 지급재료

- 붉은색 참치살 80g(냉동 지급)
- 양파 1/8개(중 150g)
- 그린올리브 2개
- 케이퍼 5개
- 올리브오일 25ml
- 레몬 1/4개(길이(장축)로 등분)

- 핫소스 5ml
- 처빌 2줄기(Fresh)
- 꽃소금 5g
- 흰 후춧가루 3g
- 차이브 5줄기
  (Fresh(실파로 대체가능))
- 롤라로사 2잎(잎상추로 대체가능)
- 붉은색 파프리카 1/4개
  (길이 5~6cm, 150g)

- 노란색 파프리카 1/4개
  (길이 5~6cm, 150g)
- 그린치커리 2줄기(Fresh)
- 오이 1/10개(길이로 반 갈라 10등분)
- 파슬리 1줄기(잎, 줄기 포함)
- 딜 3줄기(Fresh)
- 식초 10ml
- 퀜넬 테이블 스푼(지참준비물)

## 만드는 법

### 조리순서

재료 세척 및 분리 – 참치 해동 – 채소 썰기 – 참치 썰기 – 비네그레트 소스 만들기 – 샐러드 부케 만들기 – 참치타르타르 만들기 – 완성하기

### 조리법

❶ 재료는 세척하고 분리한 후 치커리와 롤라로사는 찬물에 담가놓고 차이브는 끓는 물에 살짝 데쳐서 준비한다.

❷ 참치는 꽃소금을 녹인 물에 담가 세척한 후 면보에 감싸 보관한다.

❸ 파프리카는 일부 채썰어 물에 담가둔다. 양파, 파프리카, 오이 껍질은 0.2cm 정도의 주사위 모양으로 썰어준다. 파슬리, 딜, 그린올리브, 케이퍼, 처빌은 곱게 다져서 준비한다.

❹ 참치를 2~3mm 정도 주사위 모양으로 썰어 물기를 제거한다.

❺ 비네그레트 소스 : 올리브오일 1T, 식초 1t, 소금, 흰 후추와 양파, 파프리카, 오이, 파슬리, 딜을 넣고 버무려 비네그레트 소스를 만든다.

❻ 샐러드 부케 : 오이는 둥글게 잘라 속을 파내고 물기를 제거한 치커리, 롤라로사, 채썬 파프리카를 감싸 차이브로 묶은 후 오이에 꽂아준다.

❼ 참치타르타르 : 참치, 양파, 그린올리브, 케이퍼, 처빌, 올리브오일 1t, 레몬즙, 핫소스 1t, 소금, 흰 후추를 넣고 잘 섞는다.

❽ 참치타르타르를 3등분한 후 테이블 스푼 2개로 퀜넬모양으로 잡아 접시에 올려 비네그레트 소스를 뿌려주고 샐러드 부케를 올려 완성한다.

### ▶POINT

- 냉동된 참치는 꽃소금물에 살짝 담가 면보로 감싸 물기를 제거한다.
- 참치가 완전히 해동되기 전에 썰어야 살이 뭉개지는 것을 방지하며 원하는 사이즈로 썰기 용이하다.
- 참치는 모든 재료가 준비된 후에 버무려야 신선도와 색감이 죽지 않는다.
- 샐러드 부케가 커서 메인인 참치가 가려지지 않도록 주의한다.

### ▶감독관 시선 포인트

- 채소는 찬물에 살려두었는가?
- 참치는 소금물에 씻어 면보에 싸서 해동하였는가?
- 채소는 알맞은 크기로 썰었는가?
- 샐러드 부케를 알맞은 크기로 만들었는가?
- 참치를 위생적으로 처리하여 2~3mm로 잘라서 색이 변하지 않게 양념하였는가?
- 퀜넬 모양으로 일정하게 3개를 만들었는가?

# 해산물 샐러드
## *Seafood Salad*

### 요구사항

※ **주어진 재료를 사용하여 다음과 같이 해산물 샐러드를 만드시오.**

㉮ 미르포아(Mirepoix), 향신료, 레몬을 이용하여 쿠르부용(Court Bouillon)을 만드시오.

㉯ 해산물은 손질하여 쿠르부용(Court Bouillon)에 데쳐 사용하시오.

㉰ 샐러드 채소는 깨끗이 손질하여 싱싱하게 하시오.

㉱ 레몬 비네그레트는 양파, 레몬즙, 올리브오일 등을 사용하여 만드시오.

### 지급재료

- 새우 3마리(30~40g)
- 관자살 1개
  (50~60g, 해동 지급)
- 피홍합 3개(길이 7cm 이상)
- 중합 3개(지름 3cm)
- 양파 1/4개(중 150g)
- 마늘 1쪽(중 깐 것)
- 실파 20g(1뿌리)
- 그린치커리 2줄기
- 양상추 10g
- 롤라로사 2잎(잎상추로 대체가능)
- 올리브오일 20ml
- 레몬 1/4개(길이(장축)로 등분)
- 식초 10ml
- 딜 2줄기(Fresh)
- 월계수잎 1잎
- 셀러리 10g
- 흰 통후추 3개
  (검은 통후추 대체가능)
- 소금 5g
- 흰 후춧가루 5g
- 당근 15g
  (둥근 모양이 유지되게 등분)

## 만드는 법

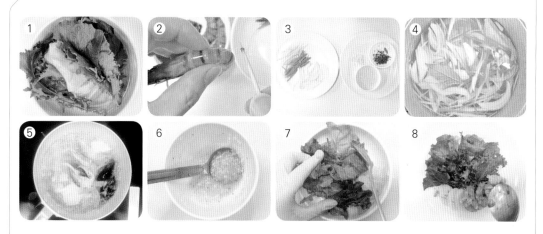

### 조리순서

재료 세척 후 분리 – 해산물 손질 – 쿠르부용 만들기 – 해산물 데치기 – 비네그레트 소스 만들기 – 해산물 정리하기 – 완성하기

### 조리법

1. 재료는 세척 후 분리하고 샐러드용 채소(양상추, 치커리, 비타민, 롤라로사, 차이브, 딜)는 물에 담가놓는다.
2. 새우는 내장을 제거하고 관자는 핵과 막을 제거하여 0.3cm 두께로 편으로 썰어준다. 홍합은 수염을 제거한 후 조개와 같이 소금물에 담가둔다.
3. 쿠르부용 채소인 미르포아(양파, 셀러리, 당근)는 채썰어주고 비네그레트에 들어갈 양파(소량), 딜, 마늘은 다지고 양파는 찬물에 담가 매운맛을 제거한다.
4. 냄비에 물 2컵을 넣고 미르포아와 식초, 월계수잎, 통후추, 레몬을 넣어 쿠르부용을 만든다.
5. 쿠르부용에 새우를 먼저 익히고 관자, 중합, 피홍합을 익혀 식힌 후(절대 물로 헹구지 않는다.) 새우는 머리와 껍질을 제거하고, 조개류는 껍질과 살을 분리해준다.
6. 올리브오일 3Ts, 레몬즙 1Ts, 식초, 다진 양파, 딜, 다진 마늘, 소금, 후춧가루를 잘 섞어 비네그레트를 만든다.
7. 채소의 물기를 제거한 후 먹기 좋은 크기로 찢어 비네그레트와 버무린다.
8. 준비된 그릇에 샐러드와 해산물을 보기 좋게 올린 후 비네그레트 소스를 뿌려 완성한다.

### POINT

- 쿠르부용을 이용하여 해산물을 살짝 데친다.
- 새우를 먼저 삶고 나머지를 데쳐 새우맛을 다른 해산물에 입혀준다.
- 데친 해산물은 물에 절대 헹구지 않는다.
- 샐러드는 숨이 죽지 않게 살짝 버무려준다.

### 감독관 시선 포인트

- 채소는 찬물에 살려두었는가?
- 새우 내장, 관자 핵과 막은 제거하였는가?
- 조개류는 소금물에 해감하였는가?
- 쿠르부용을 만들어서 해산물을 데쳤는가?
- 데친 해산물을 물에 헹구지는 않았는가?
- 비네그레트 소스는 비율이 알맞은가?
- 채소는 한입 크기로 알맞게 뜯었는가?
- 가운데가 소복하게 볼륨감 있도록 보기 좋게 담아내었는가?

**30**분

# 스파게티 카르보나라

*Spaghetti Carbonara*

### 요구사항

※ 주어진 재료를 사용하여 다음과 같이 스파게티 카르보나라를 만드시오.

㉮ 스파게티면은 알단테로 삶아서 사용하시오.

㉯ 파슬리는 다지고 통후추는 곱게 으깨서 사용하시오.

㉰ 베이컨은 1cm 정도 크기로 썰어, 으깬 통후추와 볶아서 향이 잘 우러나게 하시오.

㉱ 생크림은 달걀노른자를 이용한 리에종과 소스에 사용하시오.

### 지급재료

- 달걀 1개
- 스파게티면(건조면) 80g
- 올리브오일 20ml
- 검은 통후추 5개
- 버터 20g(무염)
- 생크림 180ml
- 베이컨 2개
- 파슬리 1줄기(잎, 줄기 포함)
- 소금 5g
- 파마산치즈가루 10g
- 식용유 20ml

## 만드는 법

### 조리순서

재료 세척 및 분리 – 재료 손질 – 스파게티 알단테 삶기 – 면 오일에 버무리기 – 파슬리가루 만들기 – 리에종 소스 만들기 – 카르보나라 만들기 – 완성하기

### 조리법

1. 재료는 세척한 후 분리하고 파슬리는 찬물에 담가놓는다.
2. 베이컨은 폭 1cm로 썰어 준비하고 통후추는 으깨 놓는다.
3. 냄비에 물과 소금, 오일(약간)을 넣은 후 끓으면 스파게티면을 8분 정도 삶아 알단테한다.(면수는 1C 정도 따로 남겨둔다)
4. 알단테로 익힌 스파게티는 올리브오일에 버무려 붙는 것을 방지한다.
5. 파슬리는 곱게 다져 엽록소를 제거하고 수분을 날려 가루를 만든다.
6. 노른자와 생크림 1T를 넣고 리에종 소스를 만들어준다.
7. 팬에 버터를 두르고 베이컨과 으깬 후추를 넣고 볶아준 뒤 스파게티면을 면수와 함께 볶아주다 생크림을 모두 넣고 끓으면 불을 끄고 리에종 소스를 잔열로 볶아준다.(리에종이 높은 열로 인해 익어서 분리되는 것에 주의한다)
8. 스파게티에 파마산치즈가루, 소금, 후추로 간을 한 뒤 접시에 보기 좋게 돌려 담아 파마산치즈가루와 파슬리를 뿌려 완성한다.

### POINT

- 면을 삶을 때 끓는 물에 8분 삶아 알단테로 익혀주고 면이 불어 달라붙지 않도록 오일을 버무려준다.
- 스파게티에 오일을 많이 버무리면 면에 크림소스가 어우러지지 않는다.
- 리에종 소스는 파스타를 모두 만든 후 불을 끈 상태에서 섞어야 노른자가 익어 분리되는 현상이 생기지 않는다.

### 감독관 시선 포인트

- 면이 알단테로 삶아졌는가?
- 파슬리는 다져 흐르는 물에 헹궈 엽록소와 쓴맛을 제거하였는가?
- 면을 삶아 올리브오일을 발라놓았는가?
- 생크림, 달걀노른자를 이용하여 리에종을 만들었는가?
- 파스타면과 소스가 분리되지 않았는가?

# 토마토소스 해산물 스파게티
## *Seafood Spaghetti Tomato Sauce*

### 요구사항

※ **주어진 재료를 사용하여 다음과 같이 토마토소스 해산물 스파게티를 만드시오.**

㉮ 스파게티 면은 al dante(알단테)로 삶아서 사용하시오.

㉯ 조개는 껍질째, 새우는 껍질을 벗겨 내장을 제거하고, 관자살은 편으로 썰고, 오징어는 0.8cm×5cm 크기로 썰어 사용하시오.

㉰ 해산물은 화이트와인을 사용하여 조리하고, 마늘과 양파는 해산물 조리와 토마토소스 조리에 나누어 사용하시오.

㉱ 바질을 넣은 토마토소스를 만들어 사용하시오.

㉲ 스파게티는 토마토소스에 버무리고 다진 파슬리와 슬라이스한 바질을 넣어 완성하시오.

### 지급재료

- 스파게티면 70g(건조면)
- 토마토(캔) 300g (홀필드, 국물 포함)
- 마늘 3쪽
- 양파 1/2개(중 150g)
- 바질 4잎(신선한 것)
- 파슬리 1줄기(잎, 줄기 포함)
- 방울토마토 2개(붉은색)
- 올리브오일 40ml
- 새우 3마리(껍질 있는 것)
- 오징어 50g(몸통)
- 모시조개 3개(지름 3cm, 바지락 대체가능)
- 관자살 1개(50g, 작은 관자 3개)
- 화이트 와인 20ml
- 소금 5g
- 흰 후춧가루 5g
- 식용유 20ml

## 만드는 법

### 조리순서

재료 세척 및 분리 – 채소 손질 – 토마토 손질 – 스파게티 알단테 – 해산물 손질 – 파슬리가루 만들기 – 토마토소스 만들기 – 해산물 볶기 – 스파게티 만들기 – 완성하기

### 조리법

❶ 재료는 세척 후 분리하고 파슬리는 찬물에 담근다.

❷ 마늘과 양파는 다지고 바질은 돌돌 말아 채썰어준다.

❸ 홀토마토는 다져주고 방울토마토는 끓는 물에 데쳐 껍질을 제거해 4등분해준다.

❹ 스파게티면은 끓는 물에 소금과 오일(조금)을 넣고 8분간 알단테로 삶아준 후 올리브오일로 버무려 붙지 않도록 한다.(면수 1C 정도를 남겨둔다)

❺ 새우는 이쑤시개를 이용해 내장을 제거한 후 껍질 제거, 오징어는 껍질 제거 후 0.8×5cm 크기로 자르고 관자는 핵 제거 후 편으로 썰어놓는다.

❻ 파슬리를 곱게 다져 면보에 넣고 물에 헹구어 엽록소를 제거한 후 물기를 제거한다.

❼ 토마토소스 : 팬에 올리브오일을 두른 후 마늘, 양파를 볶다가 홀토마토를 넣고 바질 1/3과 파슬리가루를 넣고 신맛이 날아가도록 조려 토마토소스를 만든다.

❽ 해산물 볶기 : 팬에 올리브오일을 두른 후 마늘, 양파를 볶다가 해산물을 넣고 센 불에서 화이트와인으로 비린 맛을 날려 볶아준다.

❾ 스파게티 만들기 : 볶은 해산물에 삶은 면과 면수를 넣어 볶다가 토마토소스와 바질 1/3을 넣고 볶는다.

❿ 스파게티에 소금, 후추로 간을 해준 뒤 돌돌 말아 접시에 올린 후 바질과 파슬리가루를 올려 완성한다.

### POINT

- 해산물은 수분을 제거하고 향신료와 해산물을 같이 볶아 화이트와인으로 비린 맛을 날려 입을 벌어지게 한다.
- 홀토마토는 칼로 한번 다져준 후 사용한다.
- 면수를 조금 남겨 농도를 맞출 때 사용할 수 있다.

### 감독관 시선 포인트

- 스파게티면은 알단테 상태로 잘 삶았는가?
- 새우의 내장 제거, 오징어의 껍질 제거, 관자의 핵 제거, 조개류는 해감을 하였는가?
- 화이트와인은 해물 볶을 때 사용하였는가?
- 바질은 소스와 파스타에 적절히 사용하였는가?

# 시저샐러드

*Caesar Salad*

### 요구사항

※ 주어진 재료를 사용하여 다음과 같이 시저샐러드를 만드시오.

㉮ 마요네즈(100g 이상), 시저드레싱(100g 이상), 시저샐러드(전량)를 만들어 3가지를 각각 별도의 그릇에 담아 제출하시오.

㉯ 마요네즈(Mayonnaise)는 달걀노른자, 카놀라오일, 레몬즙, 디종머스터드, 화이트와인식초를 사용하여 만드시오.

㉰ 시저드레싱(Caesar Dressing)은 마요네즈, 마늘, 앤초비, 검은 후춧가루, 파르미지아노 레지아노, 올리브오일, 디종머스터드, 레몬즙을 사용하여 만드시오.

㉱ 파르미지아노 레지아노는 강판이나 채칼을 사용하시오.

㉲ 시저샐러드(Caesar Salad)는 로메인 상추, 곁들임(크루톤(1cm×1cm), 구운 베이컨(폭 0.5cm), 파르미지아노 레지아노), 시저드레싱을 사용하여 만드시오.

### 지급재료

- 달걀 2개(60g, 상온 보관한 것)
- 디종머스터드 10g
- 레몬 1개
- 로메인 상추 50g
- 마늘 1쪽
- 베이컨 15g
- 앤초비 3개
- 올리브오일 20ml(Extra Virgin)
- 카놀라오일 300ml
- 식빵 1쪽(슬라이스)
- 검은 후춧가루 5g
- 파르미지아노 레지아노치즈 20g(덩어리)
- 화이트와인식초 20ml
- 소금 10g

## 만드는 법

### 조리순서

재료 손질 및 분리 – 크루톤 만들기 – 베이컨 굽기 – 마늘, 앤초비 다지기 – 마요네즈 만들기 – 시저 드레싱 만들기 – 샐러드 만들기 – 완성하기

### 조리법

❶ 재료 손질 후 분리하고 로메인은 물에 담가둔다.

❷ 식빵은 1×1cm 크기로 썰어 바삭하게 크루톤을 만들어준다.

❸ 베이컨은 1cm로 썰어 팬에 구운 후 키친타월에서 기름기를 제거한다.

❹ 마늘과 앤초비는 다져주고 로메인은 한입 크기로 썰어준다.

❺ 마요네즈 : 달걀을 노른자만 분리하여 디종머스터드 1t, 화이트와인식초 1t를 넣고 카놀라유를 조금씩 모두 넣어 마요네즈를 만든 후 완성그릇에 마요네즈 100g 이상이 되도록 담는다.

❻ 시저드레싱 : 남은 마요네즈에 마늘, 앤초비, 디종머스터드 1t, 검은 후추 1t, 레몬즙 1t, 올리브유 1~2T를 넣고 섞어 시저드레싱을 만든 후 완성그릇에 시저드레싱 100g 이상이 되도록 담는다.

❼ 물기가 없는 볼에 물기를 제거한 로메인상추를 소량의 시저드레싱으로 가볍게 버무린다.

❽ 접시에 샐러드를 놓고 베이컨과 크루톤을 올려 강판에 간 파마산치즈를 뿌려 완성한 후 마요네즈와 시저드레싱을 같이 제출한다.

**POINT**

- 마요네즈를 섞을 때 카놀라유를 조금씩 넣어 유화시킨다.
- 마요네즈의 농도가 너무 되직하면 화이트와인식초로 맞춰준다.
- 시저드레싱을 만들 때 부재료의 양을 적당량 넣어준다.
- 마요네즈와 시저드레싱의 비율을 적절히 맞춰 완성한다.

**감독관 시선 포인트**

- 로메인은 찬물에 살려놓았는가?
- 마요네즈는 분리되지 않게 만들었는가?
- 주어진 카놀라유를 모두 사용하여 마요네즈를 만들었는가?
- 샐러드를 골고루 버무렸는가?
- 적당한 샐러드볼을 사용하였는가?

# 저자약력

**유미희**
조리기능장

현. 글로벌식문화 평생교육원 이사장
현. 팬쿠킹아트아카데미 요리학원 대표
현. 언론기관부설 쿠킹뉴스 편집장
현. 대한민국 조리기능장
현. (사)WFCC/KFCA 한식조리 제17호 명인
현. 직업능력개발훈련교사(음식조리2급)
고려대학교(식품가공학과) 석사
교육부장관상 외 16기관 장관상
battle of the chefs 2018-grand prix

**차해리**
셰프

현. 한영대학교 호텔외식조리 교수
현. (사)WFCC/KFCA 부회장
현. 푸드컨설팅 그룹 〈향완〉 대표
현. (사)전국조리사연합회 셰프코리아 회장
현. (사)WFCC/KFCA 김치 제10호 명인
한성대학교(호텔관광외식경영학) 석사
향토식문화대전-중소벤처기업부장관상(2020)
거송직업전문학교 조리교사(2010~2014)
세계식의연구소-식의사(食醫士)자격 취득

**정문석**
조리기능장

현. (주)사조회참치 고잔점 대표
현. 대한민국 조리기능장
광운대학교(경영학과) 석사
2020 국제탑쉐프 그랑프리-서울시장상
한국음식관광 국제요리경연대회-대통령상
안산시 시의장 표창장(2015, 2016)
대한명인-참치요리 명인
(주)동원참치 안산점 근무
참치해동비법 실용실안 특허 취득

**채봉수**
셰프

현. (주)롯데호텔 조리파트 CHEF
현. 장안대학교 호텔조리과 외래교수
현. (사)WFCC/KFCA 중식조리 제3호 명인
현. (사)WFCC/KFCA 부회장
현. (사)WFCC/KFCA 운영위원장
한성대학교(호텔관광외식경영학) 석사과정 중
행정안전부장관상
중소벤처기업부장관상
극동대학교 외식조리학과 외래교수

**김선란**
셰프

현. 정관스님금바루사찰음식교육관 조교
현. (사)자비신행사찰음식 강사
현. 구례군 건강가족센터 강사
고흥군 건강가족센터 우리음식 강사
고흥군청 우리음식 강사
향토음식문화대전-중소벤처기업부장관상
한국소상공인경진대회-대상
한국인의 밥상 〈남도음식〉 출연
광주세계김치축제 발효부분-장려상

**정원진**
셰프

현. 편백집 성수동점 지점 총괄
현. (사)WFCC/KFCA 이사
한성대학교(호텔관광외식경영학부) 석사과정 중
동대문장안요리학원 원장
마게츠 명동점 실장
인생주점 실장
한국마리온크레페 대리점 총괄상무
일본 비 이자까야 부주방장

**최태호**
교수

현. 혜전대학교 호텔조리계열 교수
　　(서양식 전공자)
현. 한국조리학회 부회장
경기대학교 대학원 외식, 조리관리학 박사
경기대학교 외식산업경영학 석사
중소기업청 소상공인 컨설턴트
서울힐튼호텔 CHEF
단체급식 요리경연대회-친환경농산물부문
　　대상(농림축산식품부장관상, 2021)

**최호중**
교수

현. 전북과학대학교 호텔외식산업계열 학과장
현. (사)한국조리사협회 대전조리사지회 부회장
현. (사)한국조리학회 학술이사
현. (사)세계음식문화연구원 이사
현. (사)WFCC/KFCA 서양조리 제9호 명인
현. 한국산업인력공단 기능경기대회 심사위원
배재대학교 대학원 박사
김천대 호텔조리외식경영학 겸임조교수
대전롯데시티호텔 총주방장

**배인호**
교수

현. 청운대학교 호텔조리식당경영학과 교수
현. (사)WFCC/KFCA 서양조리 제9호 명인
현. (사)한국조리협회 감사
현. 한국조리학회 학술부회장
경기대학교 외식산업경영전공 관광학 박사
(주)서울힐튼호텔 불란서레스토랑 부주방장
서울국제요리경연대회－해양수산부장관상
서울국제푸드그랑프리－농림축산식품부장관상
향토음식문화대전－중소벤처기업부장관상

**나용근**
교수

현. 대경대학교 호텔조리학부 학부장
현. 대경대학교 호텔조리마스터과 학과장
Master Chef of UK(영국조리기능장)
동국대학교 호텔관광경영학 외식경영 박사
우송대학교 외식조리학과 교수
한국산업인력공단 조리기능사 시험감독위원
세계조리사연맹 국제요리경연대회 심사위원
식약처장 외 2기관 장관 표창

**김현룡**
교수

현. 서원대학교 외식조리학과 부교수
현. 대한민국한식협회 대구 경북지회장
현. 조리사중앙회 경북지회 수석부지회장
위덕대학교 대학원 박사
경주힐튼호텔 총주방장
식품야채조각 명인
일본조리 명인
제35회 국제물리올림피아드 조리총책
유니버시아드대회 조직위원회 급식전문위원

**김태형**
교수

현. 우송정보대학 외식조리과 학과장
현. 한국조리학회 수석이사
경기대학교 관광학 박사
충남외국인 이용음식점 컨설팅연구원
향토음식전문가 양성사업 연구원
식약청 중금속안전평가 연구자문
대전철도공사 "가락국수 재현" 특허
평창 동계올림픽 미국대표팀 조리책임자
미국 C.I.A AOS

**전상경**
교수

현. 영산대 조리예술학부 서양조리 부교수
현. 대한민국 조리기능장
현. 2급 직업훈련교사
(사)조리사중앙회 조리국가대표(2014~2017)
(주)대상 청정원 기술자문
룩셈부르크 요리월드컵 국가대표경연－
　　은상(2014)
독일 요리올림픽 국가대표경연－동상(2016)
흑우 외 각 지역 특산물 특허 다수 보유

**양동휘**
교수

현. 초당대학교 호텔조리학과 교수
현. 한국조리학회 부회장
현. 한국외식경영학회 상임이사
현. (사)한국조리협회 상임이사
현. 월드마스터쉐프(유럽인증공식회원)
경기대학교 일반대학원 외식경영학 박사
중등학교 정교사2급(조리)
대한민국 조리 국가대표
IKA Culinary Olympic Individual Culinary Art－
　　Silver Award

**임종우**
교수

현. 김해대학교 호텔외식조리과 학과장
현. (사)한국조리사협회 대외협력분과 이사
현. (사)한국조리사협회 부산광역시지회 부회장
현. KBS 생생정보 "가격파괴 Why" 자문위원
동의대학교 외식경영학 박사
IKA Culinary Olympic Culinary Art
　　Germany－Silver Award(2020)
World Chef's Thailand International Culinary
　　Cup－Rookie JUDGE(2019)
Busan Ibis Ambassador Hotel Executive
　　Chef(2014~2017)

**김민우**
교수

현. 서울현대교육재단 교수부장
현. (사)한국조리협회 상임이사
현. 서울시교육청 학교급식교육 총괄
현. Korea Challenge Cup 조직위원
초당대학교(조리과학) 석사과정 중
(사)한국학원총연합회－표창장
인천동부교육지원청 교육장－표창장
연수요리제과제빵학원 팀장
국내조리대회 고교위탁생 지도자

# 저자약력

**김찬우**
교수

현. 영남이공대학교 식음료조리계열 교수
현. (사)한국조리협회 상임이사
현. (사)한국푸드코디네이터협회 이사
현. (사)한국조리학회 수석이사
가톨릭관동대학교 외식경영학 박사
P.C.C 필리핀 국제요리대회 – 금메달
FHA 싱가포르 국제요리대회 – 은메달
HOFEX 홍콩 국제요리대회 – 은메달
I.G.F 터키 이스탄불 국제요리대회 – 금메달

**원종민**
셰프

현. 드롭더미트, 오너셰프
현. 청강문화산업대학교, 푸드스쿨. 겸임교수
현. 삼조SPP, 고문셰프
명지대학교(식품양생학과) 석사
LF Food R&D, 센터장
호텔 리츠칼튼 서울 근무
글로벌쉐프챌린지 in Thailand – 국가대표, 4위
Thaifex 태국국제요리경연대회 – 개인전 동메달
서울국제요리경연대회 – 대상. 장관상

**조성진**
셰프

현. 로드1950 조리팀 팀장
현. 한국조리협회 상임이사
현. 혜전대학교 겸임교수
현. 한국조리협회 주니어국가대표감독
한국조리협회 시니어국가대표
광주대학교 대학원(호텔외식조리학) 석사
대한민국요리경연대회 – 노동부장관상
Wacs Istanbul Cold Plate – Gold Medal
Wacs Istanbul Live Fish – Gold Medal

**김영준**
조리기능장

현. (주)주나뻬띠 대표이사
현. 원광보건대학교 외식조리과 겸임조교수
현. 한국조리협회 상임이사
현. 한국산업인력공단 스타기술인 홍보대사
계룡건설 유통사업팀 조리총괄
마린셰프라운지 헤드셰프
한국조리학회 미래스타쉐프상
제35회 WACS 세계조리사올림픽 – 금메달
대한민국 인재상 – 대통령 표창

## [고문]

**조재철**
조리기능장

현. 대한민국 조리기능장
현. CJC F&C 대표
현. 혜전대학교 호텔조리외식계열 초빙교수
현. (사)한국산학기술학회 이사
현. (사)한국조리기능인협회 상임이사
현. (사)한국전통주진흥학회 부회장 등 다수
현. 대한민국 조리기능장 심사위원
공주대학교 식품가공학과 이학박사

**오석태**
교수

현. 우송대학교 외식조리학부 교수
(사)한국조리학회 회장
(사)한국외식경영학회 부회장
J&W(Johnson & Wales University) 교환교수
세계미식가협회 회원
리츠칼튼호텔 서울 수석조리장
IKA 96독일조리올림픽 대한민국 대표팀 출전

## [사진촬영 및 편집보조]

**박종훈**
행정실장

현. 팬쿠킹아트아카데미 행정실장
현. 글로벌문화 평생교육원 행정실장
현. 쿠킹뉴스 학원소식&소상공인 담당기자
향토식문화대전 – 교육부장관상(2020)
대한민국 챌린지컵 국제요리경연대회 –
　　식품의약품안전처장상(2020)

**히혜수**
실무실장

현. 팬쿠킹아트아카데미 실무실장
현. 글로벌식문화 평생교육원 실무실장
현. 쿠킹뉴스 요리정보, 맛집, 레시피 담당기자
향토식문화대전 – 교육부장관상(2020)
대한민국 국제요리경연대회 – 금상(2012)

저자와의
합의하에
인지첩부
생략

# 양식조리산업기사 & 양식조리기능사 실기

2021년 6월 30일 초 판 1쇄 발행
2022년 8월 30일 제2판 2쇄 발행

**지은이** 유미희 · 차해리 · 정문석 · 채봉수 · 김선란 · 정원진 · 최태호 · 최호중 · 배인호 · 나용근
　　　　김현룡 · 김태형 · 전상경 · 양동휘 · 임종우 · 김민우 · 김찬우 · 원종민 · 조성진 · 김영준
**고　문** 조재철 · 오석태
**사진촬영 및 편집보조** 박종훈 · 하혜수
**펴낸이** 진욱상
**펴낸곳** (주)백산출판사
**교　정** 성인숙
**본문디자인** 이문희
**표지디자인** 오정은

등　록 2017년 5월 29일 제406-2017-000058호
주　소 경기도 파주시 회동길 370(백산빌딩 3층)
전　화 02-914-1621(代)
팩　스 031-955-9911
이메일 edit@ibaeksan.kr
홈페이지 www.ibaeksan.kr

ISBN 979-11-6567-351-2　13590
값 18,000원